Web 开发经典丛书

Web 前端开发

——使用 ASP.NET Core、Angular 和 Bootstrap

[美] 西蒙尼·基西雷塔(Simone Chiaretta)　著

杜　静　敖富江　李　博　译

清华大学出版社

北　京

Simone Chiaretta
Front-end Development with ASP.NET Core, Angular and Bootstrap
EISBN：978-1-119-18131-6
Copyright © 2018 by John Wiley & Sons, Inc., Indianapolis, Indiana
All Rights Reserved. This translation published under license.
Trademarks: Wiley, the Wiley logo, Wrox, the Wrox logo, Programmer to Programmer, and related trade dress are trademarks or registered trademarks of John Wiley & Sons, Inc. and/or its affiliates, in the United States and other countries, and may not be used without written permission. All other trademarks are the property of their respective owners. John Wiley & Sons, Inc., is not associated with any product or vendor mentioned in this book.

本书中文简体字版由 Wiley Publishing, Inc. 授权清华大学出版社出版。未经出版者书面许可，不得以任何方式复制或抄袭本书内容。

北京市版权局著作权合同登记号 图字：01-2018-2647

本书封面贴有 Wiley 公司防伪标签，无标签者不得销售。
版权所有，侵权必究。侵权举报电话：010-62782989

图书在版编目(CIP)数据

Web 前端开发——使用 ASP.NET Core、Angular 和 Bootstrap/ (美)西蒙尼·基西雷塔(Simone Chiaretta) 著；杜静，敖富江，李博译. —北京：清华大学出版社，2019（2020.9重印）
（Web 开发经典丛书）
书名原文：Front-end Development with ASP.NET Core, Angular and Bootstrap
ISBN 978-7-302-51529-6

Ⅰ. ①W… Ⅱ. ①西… ②杜… ③敖… ④李… Ⅲ. ①超文本标记语言—程序设计 ②网页制作工具—程序设计 ③JAVA 语言—程序设计 Ⅳ. ①TP312.8 ②TP393.092.2

中国版本图书馆 CIP 数据核字(2018)第 254840 号

责任编辑：王　军　韩宏志
封面设计：孔祥峰
版式设计：思创景点
责任校对：牛艳敏
责任印制：沈　露

出版发行：清华大学出版社
　　　　网　　址：http://www.tup.com.cn，http://www.wqbook.com
　　　　地　　址：北京清华大学学研大厦 A 座　　邮　编：100084
　　　　社 总 机：010-62770175　　　　　　　邮　购：010-62786544
　　　　投稿与读者服务：010-62776969，c-service@tup.tsinghua.edu.cn
　　　　质 量 反 馈：010-62772015，zhiliang@tup.tsinghua.edu.cn
印 装 者：三河市龙大印装有限公司
经　　销：全国新华书店
开　　本：148mm×210mm　　　印　张：9.875　字　数：256 千字
版　　次：2019 年 1 月第 1 版　　印　次：2020 年 9 月第 3 次印刷
定　　价：59.80 元

产品编号：072067-01

献给 Signe，感谢她对本项目的支持。

译 者 序

　　Web 前端开发技术是从网页制作演变而来的。早期的网页以文字和图片等静态内容为主。进入 21 世纪以来，互联网进入 Web 2.0 时代，单纯的静态网页已经不能满足需要，以各种富媒体为基础的交互式网页为用户提供了更好的体验。网页开发技术随之分化为前端开发技术和后端开发技术，网页开发人员也分工为前端开发人员和后端开发人员。前端开发人员和后端开发人员所从事的工作迥异。前端开发人员主要使用 JavaScript 编写具有交互功能的代码，并使用 CSS 美化页面，而后端开发人员使用服务器端语言编写用于呈现页面的代码。

　　本书主要介绍前端开发人员所使用的一些流行工具，如 Angular、Bootstrap、NuGet、Bower、webpack、gulp 和 Azure 等，以及这些工具与 Visual Studio 2017 的组合应用。本书通过丰富的示例，深入浅出地介绍各类工具的使用方式。本书不是关于前端开发的入门书籍，需要读者具有 HTML、JavaScript、CSS、C#(或 VB.NET)、ASP.NET MVC 和 Web API 等基础知识。

　　本书主要由杜静、敖富江、李博翻译，参与本书翻译的还有周浩、李海莉、张民垒、岁赛、周云彦、秦富童、袁学军、庞训龙、孔德强、张祥虎、刘琳、刘宇等。本书部分术语生僻，译者们在翻译过程中查阅、参考了大量中英文资料。当然，限于水平和精力有限，翻译中的错误和不当之处在所难免，我们非常希望得到读者的积极反馈以便更正和改进。

　　感谢本书的作者，于字里行间感受他的职业精神和专业素养总是那么令人愉悦；感谢清华大学出版社给予我们从事本书翻译工作和学习的机会；感谢清华大学出版社的编辑们，他们为本书的翻译、校对投入了巨大的热情并付出了很多心血，没有他们的帮助和鼓励，本书不可能顺利付梓。

最后，希望读者通过阅读本书能够早日掌握 Web 前端开发技术，增强 Web 应用程序开发能力！

译　者

作者简介

    Simone Chiaretta(现居比利时布鲁塞尔)是一位网页架构师和开发者，他乐于分享自己 20 多年来在 ASP.NET Web 开发和其他 Web 技术方面的开发经验和知识。Simone 成为 ASP.NET 领域微软 MVP 已有 8 年，撰写了几本关于 ASP.NET MVC 的书籍(包括 Wrox 出版的 *Beginning ASP.NET MVC 1.0* 和 *What's New in ASP.NET MVC 2*，以及 Syncfusion 出版的 *OWIN Succinctly* 和 *ASP.NET Core Succinctly*)，并为在线开发者门户(例如 Simple Talk)做出了贡献。Simone 还与他人共同创立了意大利 ALT.NET 用户组 ugialt.NET，并且是在米兰召开的许多会议的共同组织者。

    读者可在 Simone 的博客 http://codeclimber.net.nz 上阅读他的想法和开发技巧。

    在不编写代码和博客文章或是不参与全球.NET 社区活动时，Simone 喜欢研究 Arduino(一种开源硬件)、无人机和水下机器人，并且正在接受培训，以在 2018 年完成他的第一台"钢铁侠"。他是在布鲁塞尔工作的众多外籍专家中的一员，在那里他领导欧盟理事会(欧盟的执政机构之一)公共网站的开发团队。

技术编辑简介

Ugo Lattanzi 是一位微软认证的 ASP.NET MVP，擅长企业级应用程序开发，重点关注 Web 应用程序、面向服务的应用程序以及以可伸缩性为首要任务的环境。他精通 ASP.NET MVC、Node.js、Azure等技术，目前是 Technogym(泰诺健)公司的首席软件架构师，曾担任 MTV 的技术经理和一些意大利大公司的顾问。他还在技术社区扮演积极角色，在众多会议、图书出版商、报纸、网络广播和论坛中担任技术作家、编辑或演讲者。他还是位于米兰的 Web.NET 欧洲会议的共同组织者。

致　　谢

首先感谢我的女友 Signe，感谢她的支持，并忍耐这个项目夺走我大量的空闲时间。如果没有她的支持和祝福，本书就不可能面世。

然后，我想感谢 Wiley/Wrox 的编辑小组。感谢 Jim Minatel 帮助描绘本书背后的原始理念并启动该项目。感谢 Kelly Talbot，他在书稿的编辑和改进本书的语言和可读性方面做了毋庸置疑的出色工作，并且在由于本书所涵盖的技术发生根本性变化，需要多次重写时，他一直推动和激励着我。

此外，非常感谢技术编辑 Ugo Lattanzi，他帮助我发现了一些技术缺陷，并使本书总体质量改进很多。

除了直接参与本书编写的人员，还要感谢 ASP.NET 团队，首先要感谢他们创建了这样一个卓越框架，其次是感谢他们在本书早期阶段帮助我把握框架的发展方向。尤其要感谢 Bertrand Le Roy、Scott Hunter 和 Scott Hanselman，他们为我提供即将发布的软件版本的最新细节。

特别感谢 Mads Kristensen 为本书撰写序言，并始终帮助我解决将前端功能集成到 Visual Studio 2017 中的有关问题。

还要感谢 Jason Imison，他帮助我更好地理解 OmniSharp 在 VS Code 中的角色；感谢 Juri Strumpflohner，他帮助我解决了一些与 Angular 有关的问题。

最后，我还要感谢同事和经理 Gunter 对我的支持和审稿。

序　言

随着一个又一个新浏览器版本的发布，Web 正成为一个日益强大的平台。未来的新特性对于早期的引入者可用，而传统特性已经成熟，可供大规模采用。这个不断增长的 HTML、CSS 和 Java 工具箱正在不断加速发展，并且没有任何减缓下来的迹象。实际上，它的增长是如此快速，以至于需要专用工具——例如 webpack 和 gulp，才能充分利用这些新特性。

新的工作职位名称"前端工程师"体现了开发现代浏览器应用程序所需的知识量，而这一职位几年前还闻所未闻。

除了 Web 平台方面的新进展，服务器端技术也在不断进化。为给终端用户和 Web 开发人员提供最佳体验，服务器端平台必须极为快速、安全、跨平台、可向云端扩展，并且拥有强大的工具。

多数 Web 应用程序均由运行在浏览器中的客户端代码和运行在一台或多台服务器上的服务器端代码组成，要成为一名睿智的开发人员，必须掌握足够的服务器端和客户端技术，而这是一个巨大挑战，因为到底多少才足够，而又到底应在学习中投入多少时间？

一种更简单的方式是选择正确的框架和工具集作为开发应用程序的基础。框架有用，因为它们通常能将复杂的平台特性包装成易用的组件，因此 Web 开发人员能够专注于编写应用程序的逻辑，而不必纠缠于运用浏览器或服务器平台所需的连接细节。

选择正确的框架至关重要。可选项很多，但有几个已经表现出特别适合于开发现代 Web 应用程序。ASP.NET Core 作为服务器端应用程序框架，Angular 作为客户端框架就是一个绝妙的组合。

Bootstrap 则能确保应用程序界面在所有浏览器和设备类型上都能赏心悦目。

　　在本书中，Simone 出色地展示了这些框架如何互补，工具如何提供舒适的开发体验。本书提供使用最新颖强大的客户端/服务器技术开发 Web 应用程序的实用方法；在迅速变化的 Web 开发世界中，拥有本书实属一件幸事。

——Mads Kristensen

前　　言

曾几何时，后端开发人员和前端开发人员从事着迥异的工作。后端开发人员使用服务器端语言编写用于呈现页面的代码，前端开发人员则使用 JavaScript 编写具有一定交互功能的代码，并使用 CSS 美化 Web 页面。

几年之前，随着单页面应用程序(SPA)的登场，JavaScript 不再局限于增加"一定"的交互性，还能构建应用程序本身。后端开发人员必须扩展自己的技能储备，以纳入前端开发人员的典型工具，例如特定的 JavaScript 框架，以及 CSS 的基础运用。

本书的目标是阐释前端开发人员的常用工具，以及如何有效地将它们与 ASP.NET Core MVC 组合运用。

为何Web开发需要通晓多种语言的开发人员

在日常生活中，"多语言者"(polyglot)是指了解并能使用多种语言的人，他们不需要精通双语(或多语)，但能较熟练地使用第二种或更多种语言。

何谓多语言开发人员？是指一名了解超过一种(编程)语言或框架，能在同一个程序中使用它们的开发人员。

从 IT 行业发端之日开始，应用程序主要是使用一种编程语言编写的，笔者个人是从 C 开始的，然后转向 Visual Basic，在 Cold Fusion 上着陆，使用过 JavaScript 早期版本(在客户端和服务器端均用过)，进行了一点 Java 开发，最终固定在.NET 平台上，但每段时间里只使用一种编程语言。

那时是大型企业级框架的时代，厂商试图向他们的语言或框架中塞入应用程序可能需要的一切特性。微软曾经试图将开发人员与 Web 实际使用的语言 HTML 和 JavaScript 隔离开来，推出了 ASP.NET Web Forms 和 ASP.NET Ajax 框架。如果读者回顾自己在 IT 行业的经历，可能会找到许多类似的例子。

不过最近出现了一种新趋势，走向相反的方向，IT 业界认识到，或许有的语言比其他语言更适于完成某些特定任务，人们使用多种语言开发应用程序，而非试图强行用一种语言包打天下。

现在我们已经统一了"多语言开发人员"一词的定义，接下来让我们看看，作为一名多语言开发人员有什么优势。

工欲善其事，必先利其器：在工作中选择合适的工具

多语言开发的第一个也是最重要的好处是能够选择完成工作的最适合工具，而不必因为语言或框架不支持某个指定功能而不得不做出妥协。

例如，使用微软 Ajax 框架时，将受限于它提供的功能，而直接使用 JavaScript，则可拥有该语言的全部灵活性。

作为一名 Web 开发人员，必须了解 HTML 语言，但只要使用 Visual Studio 的开发界面，仅拖曳工具箱中的工具，即可构建 Web 应用程序。显然，此时无法像直接编写 HTML 一般，拥有彻底的控制力。

所以，在某种程度上，每个 Web 开发人员都是多语言开发人员。

另一个例子是 Sass 在 Visual Studio 2015 中的集成。几年前 Ruby 社区提出了 CSS 样式预处理的创意，微软将其原始版本集成到其 IDE 中，而 Sass 正是预处理 CSS 样式的合适工具。

他山之石：交叉思维的优势

通晓多种语言的第二个好处是能从厂商和开源社区在其他语言的工作中获取灵感；在无法直接使用时，能够改造或开发适合自

已的版本。

ASP.NET MVC 是这方面的一个绝佳例子。十年前，当时流行的语言是 Ruby，这要归功于其简单的 Web 框架 Ruby on Rails，它建立在模型-视图-控制器模式之上。.NET 开发人员社区从中获得灵感，并开始同样基于 MVC 模式构建.NET Web 框架。这导致微软构建了 ASP.NET MVC 框架，该框架是本书介绍的主要内容之一。

居安思危：扩展你的安乐窝

如果不只考虑技术方面，使用多种语言和框架还带来了一项额外益处：它会迫使你走出现有的"安乐窝"，使你的适应性更强，并打破始终循规蹈矩地工作带来的厌烦情绪。毫不奇怪，有许多开发人员对尝试新事物犹豫不决，并且更喜欢使用他们最熟悉的工具、框架和语言，尽管这样做会牺牲灵活性和控制能力。但如果你正在阅读这本书，可能不是其中之一。因此，请准备好在本书的其余部分，学习源自 Microsoft .NET 领域之外的新语言和框架。一开始，你会走出你的"安乐窝"。而当学习完成时，你会发现"安乐窝"已经变得更大、更具回报。

本书读者对象

本书的目标读者是拥有 ASP.NET MVC 知识(无论是最新版本还是早期版本的框架)的人员的 Web 开发人员，以及希望学习使用前端开发中流行工具和框架的人员。此外，本书也可以作为已经采用某些前端工具和框架，但希望通过 Visual Studio 2017 引入的集成功能更高效地使用它们的开发人员的指南。

本书涵盖的内容

本书主要介绍使用 ASP.NET Core MVC 进行前端开发。除概述微软的最新框架外，还涵盖一些最受欢迎的前端框架和工具，如 Angular、Bootstrap、NuGet、Bower、webpack、gulp 和 Azure 等。

除框架外，本书还展示了 Visual Studio 2017 中面向前端开发的新特性，以及如何不使用该软件，而改用标准文本编辑器(例如 Mac OS X 上的 Visual Studio Code)开发 ASP.NET Core MVC 应用程序。

这并不是一本面向初学者的书籍，所以笔者假设读者已经掌握 HTML、JavaScript 和 CSS 的基础知识，了解 C#或 VB.NET(请记住所有示例都将使用 C#编写)，并且使用过 ASP.NET MVC 和 Web API。

本书的组织结构

为帮助读者确定这本书是否适合自己，下面将简要解释本书的结构和每章的内容。

- 第 1 章"ASP.NET Core MVC 的新变化"：介绍使用 ASP.NET Core、ASP.NET Core MVC 以及.NET 中的所有新功能和新开发方法。对于那些已经了解 ASP.NET MVC 最新版本的读者来说，可通过该章进行复习；对于新人而言，可通过该章来简单了解这个最新版本。
- 第 2 章"前端开发者工具集"：开始探索前端开发人员的世界，介绍使用的工具类别，并介绍每类工具和框架中的佼佼者。
- 第 3 章"Angular 简析"：介绍 Google 的 JavaScript 框架 Angular，阐释其中的主要概念，以及 Visual Studio 2017 附带的新的 Angular 工具。

- 第 4 章"Bootstrap 入门"：介绍 Twitter 的 CSS 框架 Bootstrap，并展示如何使用它构建自适应网站。该章还讨论 Less(一种 CSS 预处理语言)，以及它与 Visual Studio 2017 的集成。

- 第 5 章"使用 NuGet 和 Bower 管理依赖关系"：管理所有前端和服务器端的组件可能是件非常痛苦的工作，但幸运的是，存在一些组件管理器，能用于大大简化工作。可使用 NuGet 工具管理.NET 服务器端依赖关系，而在客户端使用 Bower。该章介绍如何与 Visual Studio 2017 结合使用这些工具，以及如何打包库文件，以便在公司内部共享或与外界共享。

- 第 6 章"使用 gulp 和 webpack 构建应用程序"：介绍 gulp 和 webpack，这是两种可使用 JavaScript 进行编程的构建系统。该章还将介绍它们与 Visual Studio 2017 的集成，以及 ASP.NET 开发中使用的一些常用秘诀。

- 第 7 章"部署 ASP.NET Core"：应用程序准备就绪后，即可进行部署。该章使用 Azure 展示集成了测试、构建和部署操作的持续流程。

- 第 8 章"非 Windows 环境中的开发"：.NET Core 堆栈的一个主要特性是它也可在 Linux 和 Mac 操作系统上运行。微软开发了一个跨平台的 IDE，但也有其他选择。该章将介绍如何在 Mac 上完成所有 ASP.NET 开发。

- 第 9 章"综合运用"：本书的最后一章将所有概念融会贯通，详解构建现代化、响应式网站所需的所有步骤，包括通过 OAuth 与第三方服务和认证相集成。

学习本书需要准备的条件

这本书中有很多示例，因此体验它的最好方法就是在电脑上亲自试一试。为此，需要安装 Windows 7/8/10 操作系统和 Visual Studio 2017 社区版。

ASP.NET Core MVC 也可以在 Windows、Mac OS X 或 Linux 上的任何文本编辑器中开发。微软还开发了一款名为 Visual Studio Code 的跨平台文本编辑器。在第 8 章中学习在 Windows 之外进行开发时需要使用该工具。当然也可以使用任何其他兼容的文本编辑器，但使用的命令和操作界面与 Visual Studio Code 中的不同。

约定

为了帮助读者准确掌握学习内容，获得最大收益，本书使用了一些约定。

警告

包含与前后文直接相关的重要、不可遗忘的信息。

注意

用于指示对当前讨论内容的注释、提示、技巧、旁白等信息。

代码使用两种格式：

对于大多数示例代码使用不突出显示的等宽字体。

使用粗体强调该代码在当前上下文中特别重要，或体现其与前文代码片段的差异。

源代码

在完成本书中的示例时，可以选择手动输入所有代码，也可以使用本书附带的源代码文件。Wrox 图书使用的所有源代码均可从 www.wrox.com 下载，具体到本书的代码下载链接则位于以下网址的 Download Code(下载代码)选项卡中：

www.wiley.com/go/frontenddevelopmentasp.netmvc6

你也可以通过 ISBN 在 www.wrox.com 上搜索图书(本书的 ISBN 为 978-1-119-18131-6)以查找代码。要获得所有当前 Wrox 书籍的完整代码下载列表，请访问 www.wrox.com/dynamic/books/download.aspx。

www.wrox.com 上的大部分代码都以.ZIP、.RAR 归档或适用相应平台的类似归档格式进行压缩。下载代码后，只需要使用相应的压缩工具对其进行解压缩即可。

另外，也可扫描本书封底的二维码下载源代码。

注意

由于许多书籍名称相似，你可能会发现使用 ISBN 进行搜索最简单，本书英文版的 ISBN 是 978-1-119-18131-6。

勘误表

我们尽一切努力确保文本或代码中没有错误。但毕竟人非圣贤，难免会出现错误。如果在我们的某本书中发现错误，如拼写错误或代码错误，我们将非常感谢你的反馈。通过发送勘误表，可能能够帮助其他读者，使他们免于在挫折沮丧中浪费数小时，同时还能帮助我们提供更高质量的信息。

　　要查找本书的勘误表，请访问 www.wiley.com/go/frontenddevelopmentasp.netmvc6，然后单击 Errata 链接。在这个页面上，可以查看所有已经提交给本书并由 Wrox 编辑发布的勘误表。

　　如果未在 Book 勘误页面上发现"你发现的错误"，请访问 www.wrox.com/contact/techsupport.shtml，并填写表格以向我们发送找到的错误。我们会检查这些信息，在适当的时候在本书的勘误页上发布信息，并在本书后续版本中予以更正。

目　　录

第 1 章

ASP.NET Core MVC 的新变化

本章主要内容:

- .NET Web 堆栈发展史
- .NET Core 谜题的详解
- ASP.NET Core 及其引入的新概念介绍
- ASP.NET Core MVC 的部分新特性

对于微软.NET Web 堆栈而言,2016 年是具有里程碑意义的一年,因为在这一年微软发布了.NET Core ——一个用于构建应用程序和服务的、完全开源、跨平台的框架。它包括 ASP.NET Core 和重制的 MVC 框架。

本章是对 ASP.NET Core 的简要介绍。如果你已经对此框架有一些了解,可以通过本章温故知新;如果你对此框架一无所知,可将本章作为入门和摘要。

本章代码下载

本章的相关代码可通过网站 www.wrox.com 下载。搜索该书英文版的 ISBN(978-1-119-18131-6)，可在第 1 章的下载部分找到对应代码。

1.1　熟悉软件名称

在深入研究新框架前，正确掌握所有名词和版本号是很重要的，因为如果不弄清楚，对于非专业人士而言，这些名字就像一团乱麻。

1.1.1　ASP.NET Core

ASP.NET Core 发布于 2016 年。这个版本是对 ASP.NET 的完全重写，完全开源、跨平台，并且开发时没有向后兼容的负担。亮点包括：一个新的执行环境、一个新的项目和依赖关系管理系统，以及一个名为 ASP.NET Core MVC 的新 Web 框架，该框架统一了 ASP.NET MVC 和 Web API 的编程模型。本章余下部分将主要关注 ASP.NET Core 的各种特性。

1.1.2　.NET Core

虽然 ASP.NET Core 可以运行在标准的.NET 框架(4.5 以上版本)之上，但为了实现跨平台，它需要 CLR(公共语言运行库)也是跨平台的，这就是发布.NET Core 的原因。.NET Core 是一个小型的、为云环境优化和模块化的.NET 实现，它由 CoreCLR 运行库和.NET Core 库组成。特别是，该运行库由许多组件组成，这些组件可以根据需要的功能分别安装，可以独立更新，并且是二进制可部署的，这样不同的应用程序就可以运行在不同的(运行库)版本上而不会相互影响。当然，它可以在 Mac OS X 和 Linux 上运行。

此外，.NET Core 还提供了一个命令行界面(称为.NET CLI)，供工具和终端用户与.NET Core SDK 进行交互。

1.1.3　Visual Studio Code

Visual Studio Code 是微软开发的跨平台文本编辑器，用于构建 ASP.NET Core(以及许多其他框架和语言的)应用程序，而不必应用完全版本的 Visual Studio。它也可在 Mac OS X 和 Linux 上使用。

1.1.4　Visual Studio 2017

Visual Studio 2017 引入了一个基于"工作负载"(Workload)的全新安装流程，以更好地满足用户的需求。其中的工作负载之一 ASP.NET 包含与最流行的前端开发工具和框架的集成。本书后续章节将进一步介绍。

1.1.5　本书涵盖的版本

笔者希望，现在已将混乱的版本和命名介绍得稍微清晰了一点。本书涵盖 Visual Studio 2017、ASP.NET Core(和 ASP.NET Core MVC)以及.NET Core，但不包括与完整版.NET 框架相关的任何内容。本书最后还介绍了 Visual Studio Code。

所有这些组件的相互关系如图 1-1 所示。

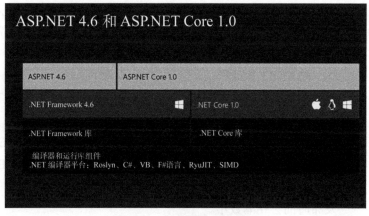

图 1-1　新的.NET 堆栈图

1.2 微软.NET Web 堆栈简史

在深入讨论 ASP.NET Core 和 ASP.NET Core MVC 的新特性之前，笔者认为，回顾.NET Web 堆栈的发展历程，以及为何最终产生 ASP.NET Core 和.NET Core 的原因是很重要的。

1.2.1 ASP.NET Web Forms

2001 年，微软推出了.NET 框架及其首个 Web 开发框架: ASP.NET Web。它是为两类用户开发的:

- 具有传统 ASP 经验,已在混合使用 HTML 和服务器端 JScript 代码构建动态网站的开发者。他们也熟悉通过核心对象提供的抽象(接口)与下层 HTTP 连接和 Web 服务器进行交互的方法。
- 来自传统 WinForm 应用程序开发圈子的开发者。他们对 HTML 和网络一无所知,并且习惯于通过在设计界面上拖动 UI 组件来构建应用程序。

ASP.NET Web Forms 旨在迎合这两种类型的开发者。ASP.NET Web Forms 提供了处理 HTTP 和 Web 服务器对象的抽象(接口)，并使用 ViewState 引入了服务器端事件的概念，隐藏了 Web 的无状态特性。最终得出一个非常成功的、功能丰富的 Web 框架，具有非常易于掌握的编程模型。

但是，ASP.NET Web Forms 也存在一些局限性:

- 所有核心的 Web 抽象都在 System.Web 库中提供,而所有其他 Web 功能都依赖于该库。
- 因为它基于设计时(design-time)编程模型,所以 ASP.NET、.NET 框架和 Visual Studio 紧密绑定在一起。出于这个原因,ASP.NET 必须与其他产品的发布周期一致,这意味着两个主要版本的发布时间会相隔数年。

- ASP.NET 只用于 Microsoft 的 Web 服务器 IIS。
- 单元测试几乎是不可能的，只有使用改变ASP.NET Web Forms 工作方式的库才能实现。

1.2.2　ASP.NET MVC

多年来，这些局限性都并未导致任何问题，但随着其他框架和语言推动 Web 开发的演进，微软开始努力跟上它们的更快节奏。它们都是非常小巧而且功能专一的组件，根据需要进行组装和更新，而 ASP.NET 则是一个庞大的大一统框架，难以更新。

问题不仅是发布周期，开发风格也在变化。ASP.NET 将 HTTP 和 HTML 标记的复杂性隐藏和抽象化，帮助很多 WinForm 开发者成为 Web 开发者，但经过五年以上的锻炼，现在开发者希望拥有更多控制权，尤其是对在页面上渲染的标记的控制权。

为解决这两个问题，2008 年，ASP.NET 团队开发了基于模型(Model)-视图(View)-控制器(Controller)设计模式的 ASP.NET MVC 框架，许多当时流行的框架也使用了该模式。该模式能够更清晰和更好地将业务逻辑和表示逻辑分离，并通过去除服务器端 UI 组件，向开发者提供对 HTML 标记的完全控制权。此外，不包含在.NET 框架内，而是采用带外发布(out of band release)形式，从而能够更快、更频繁地发布新版本。

尽管 ASP.NET MVC 框架解决了 ASP.NET Web Forms 的大部分问题，但它仍依赖于 IIS 和 Web 抽象库 System.Web。这意味着它仍然不可能拥有完全独立于更大的.NET 框架的 Web 框架。

1.2.3　ASP.NET Web API

光阴荏苒，几年后，构建 Web 应用程序的新范例开始逐渐普及。它们就是所谓的单页面应用程序(SPA)。基本上，应用程序不再使用互连的、由服务器生成的、数据驱动的页面，而主要采用静态页面，页面中显示的数据通过对 Web 服务或 Web API 的 Ajax 调用与服务器交互。此外，许多服务也开始发布 API，以让移动应用程序或第三方应用程序与它们的数据交互。

为更好地适应这些新的应用场景，微软推出了另一个 Web 框架：ASP.NET Web API。借此机会，ASP.NET 团队还构建了一个更加模块化的组件模型，该模型最终抛弃了 System.Web，并创建了一个可独立于 ASP.NET 其他部分(以及更大的.NET 框架)单独运行的 Web 框架。微软的软件包分发系统 NuGet 的引入，则是另一个重要的更新，该系统能以一种受管理、可持续的方式，将所有这些组件交付给开发者。将框架从 System.Web 中分离出来的另一个优点是不再依赖于 IIS，并可在定制的主机和可能的其他 Web 服务器上运行。

1.2.4 OWIN 和 Katana

ASP.NET MVC 和 ASP.NET Web API 解决了原始 ASP.NET 的所有缺点，但正如经常发生的那样，它们又制造了新问题。在轻量级主机随手可得和模块化框架迅速增长的背景下，存在应用程序开发者需要使用分立进程处理现代应用程序所有方面的现实风险。

为在这个风险成为真正问题前做出反应，一群开发者借鉴 Rack for Ruby(也有部分来自于 Node.js)的灵感，提出了一套规范，用于标准化从中央宿主进程管理框架和其他附加组件的方式。该规范称为 OWIN，即"用于.NET 的开放 Web 接口(Open Web Interface for .NET)"。OWIN 定义了组件(无论这些组件是完整的框架还是小型过滤器)必须实现的、宿主进程用于实例化和调用组件的接口。

基于此规范，2014 年，微软发布了符合 OWIN 的宿主和服务器 Katana，并实现了大量连接器，以便开发者能在 Katana 内部使用该公司的大部分 Web 框架。

但仍然存在一些问题。首先，ASP.NET MVC 仍与 System.Web 绑定，所以无法在 Katana 中运行。此外，因为各个框架是在不同时间点开发的，所以有不同的编程模型。例如，ASP.NET MVC 和 Web

API 都支持依赖注入，但方式不同。这意味着，在同一个应用程序中使用这两个框架的开发者必须以不同方式分别配置依赖注入两次。

1.2.5　ASP.NET Core 和.NET Core 的出现

ASP.NET 团队意识到只有一种方法可以解决所有剩余的问题，同时能在 Visual Studio 之外的其他平台之上进行.NET Web 开发。他们从头开始彻底重写了 ASP.NET，并创建了一个新的跨平台.NET 运行库，该库后来成为.NET Core。

1.3　.NET Core

现在你可能对 ASP.NET Core 的出现原因有了更清楚的认识，该深入研究.NET Core 这一全新堆栈的新入口点了。.NET Core 是.NET 标准库的一个跨平台的、开源的实现，它由以下几个组件组成：

- .NET 运行库，也称为 CoreCLR，它实现了基本功能，如 JIT 编译、基本.NET 类型、垃圾收集和低级类等。
- CoreFX，其中包含.NET 标准库中定义的所有 API，例如集合、IO、XML、异步等。
- 供开发者构建应用程序的工具和语言编译器。
- dotnet 应用程序宿主，用于启动.NET Core 应用程序和开发工具。

定义

.NET 标准库是可用于所有.NET 运行库的所有.NET API 的正式规范。它通过定义基类库(Base Class Library，BCL)中的所有 API(任何.NET 运行库都必须实现这些 API)，从根本上增强了 CLR 规范(ECMA 335)。该标准的目标是使同一个应用程序或库能在不同的运行库(从标准框架到 Xamarin 以及通用 Windows 平台)上运行。

1.3.1　.NET Core 入门

在 Windows 上安装.NET Core 非常简单，在安装 Visual Studio 2017 时选择.NET Core 工作负载即可安装它。创建.NET Core 应用程序的过程也和使用 Visual Studio 创建任何其他应用程序基本一样。第 8 章介绍如何在没有 Visual Studio 时(在 Mac 计算机上)安装.NET Core 和开发应用程序。掌握.NET Core 应用程序的构建原理十分重要，这样你不使用 Visual Studio 即可轻松地完成同样的工作。

1.3.2　dotnet 命令行

.NET Core 附带的最重要工具是 dotnet 宿主程序，它用于通过新的.NET 命令行界面(CLI)启动包括开发工具在内的.NET Core 控制台应用程序。此 CLI 集中处理与框架的所有交互操作，并充当其他所有 IDE(如 Visual Studio)用来构建应用程序的基础层。

为了试用它，只需要打开命令提示符，创建一个新文件夹，进入该文件夹，然后输入 dotnet new console。该命令将创建一个新的.NET Core 控制台应用程序(参见代码清单 1-1)的框架，该框架由一个 Program.cs 代码文件和依据启动命令时所在的文件夹命名的.csproj 项目定义文件组成。

代码清单 1-1：示例 Program.cs 文件

```
using System;

namespace ConsoleApplication
{
    public class Program
    {
        public static void Main(string[] args)
        {
            Console.WriteLine("Hello World!");
        }
    }
}
```

new 命令可配合其他参数执行，以指定要生成项目的类型：

console(控制台型，上文刚使用过)、web、mvc、webapi、classlib、xunit(用于单元测试)，以及其他一些将在第 8 章详细介绍的类型。这也是所有.NET CLI 命令的通用结构：dotnet 后跟命令名，其后则是该命令的参数。

　　.NET Core 是一个模块化系统，与标准的.NET 框架不同，这些模块必须按照一一对应方式进行包含。这些依赖关系在.csproj 项目文件中定义，并且必须使用另一条.NET Core CLI 命令下载：restore。在命令提示符中执行 dotnet restore，会下载应用程序需要的所有依赖关系项。如果在开发过程中添加或删除依赖关系项，则需要执行该操作，但在创建新应用程序后并不严格需要立即执行，因为 new 命令会自动执行该操作。

　　现在一切都已准备就绪，只需要输入命令 dotnet run 即可执行该应用程序。该命令将首先构建应用程序，然后通过 dotnet 应用程序宿主调用它。

　　实际上，该操作也可手动完成，首先显式使用 build 命令，然后使用应用程序宿主启动生成的目标程序(一个与应用程序创建位置文件夹同名的 DLL)：dotnet bin\Debug\netcoreapp2.0*consoleapplication*.dll (*consoleapplication* 是文件夹的名称)。

　　除了构建和运行应用程序，dotnet 命令还可以部署它们并为共享库创建软件包。得益于可扩展性模型，它还可实现更多功能。第 8 章将深入介绍这些主题。

1.4　ASP.NET Core 介绍

　　现在你已经掌握了一些.NET Core 工具的知识，可以安全地转换到 Visual Studio 并探索 ASP.NET Core。

1.4.1　ASP.NET Core Web 应用程序项目概述

　　与之前版本的框架一样，可使用命令菜单 File | New | Project，

然后从.NET Core 项目分组中选择 ASP.NET Core Web Application，
创建一个新的 ASP.NET Core 应用程序。

此处还有其他几个选项，如图 1-2 所示。

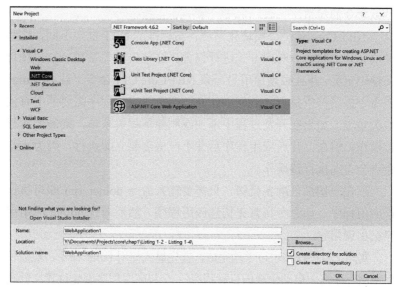

图 1-2　New Project 窗口

- Console App：该选项创建一个类似代码清单 1-1 的控制台应
  用程序。
- Class Library：可重用于其他项目的.NET Core 类库。
- Unit Test Project：运行在微软 MSTest 框架上的测试项目。
- xUnit Test Project：这是另一种测试项目，使用 xUnit 开源测
  试框架构建。

然后将出现熟悉的模板选择窗口，默认状态下此处将提供如
图 1-3 所示的选项。

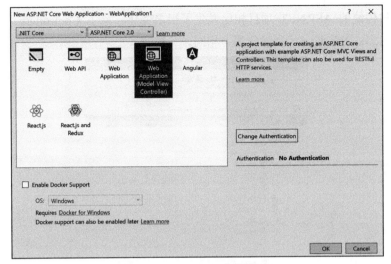

图 1-3　Web 应用程序模板

- Empty 将创建一个开始 ASP.NET Core 开发所需的最小项目。
- Web API 模板将创建一个 ASP.NET Core 项目，其中包含开发一个 REST Web 应用程序所需的依赖关系和框架代码。
- Web Application 创建一个使用 Razor pages 生成的 Web 应用程序，这是一种更简单的开发范式，本书不作介绍。
- Web Application(Model-View-Controller)创建一个完整项目，其中包含 Web 应用程序可能需要的一切。
- Angular、React.js、React.js and Redux 都是使用对应的框架创建单页面应用程序的项目模板。

　　除身份验证类型外，还可选择用哪个版本的 ASP.NET Core 构建应用程序(ASP.NET Core 1.0/1.1/2.0)，以及是否启用对 Docker 的支持(该选项在第 7 章介绍)。

　　这里选择 Web Application(Model-View- Controller)模板，然后继续完成余下操作。

　　添加到项目中的所有文件和文件夹如图 1-4 所示，可以看出，与传统的 ASP.NET 项目相比发生了很多变化。除了 Controllers 和 Views 文件夹，其余部分都不相同。

图 1-4　新 ASP.NET Core Web 应用程序的元素

　　从最上方开始，第一个新元素是 Connected Services(连接的服务)节点，其中包含了连接到第三方远程服务的扩展程序列表。

　　接下来则是称为 Dependencies(依赖关系)的节点。该节点中包括应用程序具备的所有依赖关系，根据应用程序的需要，这些依赖关系可能是.NET 软件包(通过 NuGet 接口)、Bower 或 NPM(如果应用程序需要的话)。

　　目录树下方的文件 bower.json 中也会包含一个对 Bower 的引用，该文件包含所有依赖关系项的实际配置。这些依赖关系被下载后，将存储在新建的 wwwroot 文件夹的 lib 文件夹中。

下一个元素是 wwwroot 文件夹，微软甚至用一个"地球"图标来区别表示它。这是应用程序的所有静态文件、CSS 样式表、图片和 JavaScript 文件的存储之处。

项目根文件夹下的文件也有一些新变化：

- appsettings.json 是存储应用程序设置的新位置，而不再存储于 web.config 文件的 appsetting 元素中。
- bower.json 是 Bower 依赖关系的配置文件。
- bundleconfig.json 定义对 JavaScript 和 CSS 文件的捆绑和精简操作配置。
- Program.cs 是 Web 应用程序的启动点。如前所述，.NET Core 应用程序宿主只能启动控制台应用程序，因此 Web 项目也需要一个 Program.cs 实例。
- Startup.cs 是 ASP.NET Core Web 应用程序的主要入口点。它用于配置应用程序的行为。因此，之前的 Global.asax 文件已被去除。
- web.config 也被去除了，因为不再需要它。

在新项目模板中引入的许多更改中，有一些属于.NET 方面，如 Startup.cs；还有一些则属于更广义的 Web 开发领域，比如引入 Bower，在 NPM 中包括依赖关系的能力，精简、捆绑和发布应用程序的新手段等。

第 5 章将更详细地介绍 Bower 和 NPM，第 6 章将介绍自动构建和发布。本章的余下部分将从 Startup.cs 文件开始，介绍.NET 方面的变化。

1.4.2　OWIN

为理解新的 ASP.NET Core 执行模型，以及为何需要新的 Startup.cs 文件，必须学习 OWIN，它是催生 ASP.NET Core 的应用程序模型。OWIN 定义了一种应用程序组件之间彼此交互的标准方式。该规范非常简单，因为基本上它只定义了两个元素：构成应用程序的各个层以及这些元素如何通信。

1. OWIN 的层次结构

OWIN 的层次结构如图 1-5 所示，它们包括以下几项。

- **宿主(Host)**：宿主负责启动服务器并管理进程。在 ASP.NET Core 中，此角色由 dotnet 宿主应用程序或直接由 IIS 实现。
- **服务器(Server)**：这是实际的 Web 服务器，它接收 HTTP 请求并发送回应。在 ASP.NET Core 中有几种可用的实现方式，包括 IIS、IIS Express，以及应用程序在自托管场景中的 dotnet 宿主内运行时的 Kestrel 或 WebListener。
- **中间件(Middleware)**：中间件由传递性组件组成，它们在将所有请求传送到最终应用程序之前处理这些请求。这些组件构成了 ASP.NET Core 应用程序的执行管道，可以实现任意功能，从简单的日志记录到认证，再到一个类似 ASP.NET MVC 的完整 Web 框架。
- **应用程序(Application)**：该层是最终应用程序专属的代码，通常构建在某个中间件组件(如一个 Web 框架)之上。

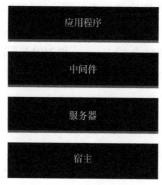

图 1-5　OWIN 的层次结构

2. OWIN 的通信接口

在 OWIN 中，所有属于管道组成部分的组件之间通过传递一个字典互相通信，该字典中包含有关请求和服务器状态的所有信息。如果希望确保所有中间件组件都能相互兼容，这些组件必须实现一个名为 AppFunc(或应用程序委托)的委托函数(delegate function)：

```
using AppFunc = Func<
  IDictionary<string, object>, // Environment
  Task>; // Done
```

这段代码表达的基本含义是，一个中间件组件必须有一个用于接收 Environment(环境)字典的方法，并返回一个包含需要执行的异步操作的 Task(任务)。

注意

上述 AppFunc 的签名是由 OWIN 规范定义的。ASP.NET Core 内部很少使用这种签名，因为.NET Core API 提供了一种在管道中创建和注册中间件组件的更简单方法。

3. 进一步了解中间件

即使在规范中尚未严格标准化，OWIN 也建议通过使用一个构建器函数(builder function)设置应用程序并在管道中注册中间件组件。注册后，中间件组件会一个接一个地执行，直到最后一个产生操作结果。然后，中间件将以相反的顺序执行，直到响应被发回给用户。

一个使用中间件构建的典型应用程序可能如图 1-6 所示。请求到达后，首先由日志记录组件处理，解压缩，通过身份验证，最后到达执行应用程序代码的 Web 框架(例如 ASP.NET MVC)。此时，执行步骤将回过头来，重新执行中间件中的所有后处理步骤(例如，重新压缩输出或记录执行请求所用的时间)，然后发送给用户。

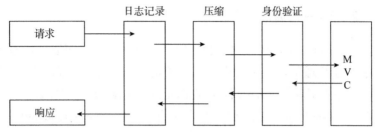

图 1-6　中间件的执行流程

1.4.3　ASP.NET Core 应用程序剖析

为更好地理解 ASP.NET Core 及其使用.NET 进行 Web 开发的新方法，有必要创建一个新的 ASP.NET Core 项目。这次使用 Empty 项目模板，以将注意力集中于开创一个 ASP.NET Core 应用程序所需的最小文件集。

如图 1-7 所示，Solution Explorer 中的项目树和图 1-4 中的 Web 应用程序模板的项目树相比，简直空空如也。必需的要素只有源码文件 Program.cs 和 Startup.cs。

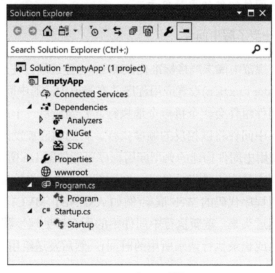

图 1-7　空项目模板

1. Host Builder 控制台应用程序

ASP.NET Core 应用程序基本上就是一个在其 Main 方法中创建 Web 服务器的控制台应用程序(参见代码清单 1-2)。

代码清单 1-2：Program.cs

```
public class Program
{
    public static void Main(string[] args)
    {
        BuildWebHost(args).Run();
    }

    public static IWebHost BuildWebHost(string[] args) =>
        WebHost.CreateDefaultBuilder(args)
            .UseStartup<Startup>()
            .Build();
}
```

BuildWebHost 方法用于通过指定用于启动的类(UseStartup <Startup>)，使用默认的配置创建 Web 应用程序宿主。

所创建的 Web 宿主使用 Kestrel 作为服务器，在需要时将其与 IIS 集成，并为所有日志记录和配置源指定默认配置。

2. ASP.NET Core 启动类

对 ASP.NET Core 应用程序的执行管道配置，是通过 Startup 类的 Configure 方法完成的。该方法最简单的用法需要一个 IApplicationBuilder 类型的参数，用于接收一个应用程序构建器 (Application Builder)的实例，该构建器用于将所有中间件组件组装在一起。

由空项目模板创建的 Startup 类的代码如代码清单 1-3 所示。该类有两个方法，即 ConfigureServices 和前面提到的 Configure。ConfigureServices 方法将在本章后面讨论依赖关系注入时介绍，此处先重点关注 Configure 方法。

代码清单 1-3：Startup.cs

```
public class Startup
{
    public void ConfigureServices(IServiceCollection services)
    {
    }

    // This method gets called by the runtime. Use this method
    // to configure the HTTP request pipeline.
    public void Configure(IApplicationBuilder app,
    IHostingEnvironment env)
    {

        if (env.IsDevelopment())
        {
            app.UseDeveloperExceptionPage();
        }

        app.Run(async (context) =>
        {
            await context.Response.WriteAsync("Hello World!");
        });
    }
}
```

代码清单 1-3 中的重点是对 app.Run 方法的调用。它指示应用
程序运行 lambda 表达式中指定的委托函数。对于本段代码，该 Web
应用程序将始终返回文本字符串 "Hello World!"。

Run 方法用于配置 terminal(终端)中间件，该中间件不会将执行再传
递给管道中的下一个组件。在代码清单 1-3 中，还使用 app.
UseDeveloperExceptionPage()添加了一个专用的中间件组件。第三方
中间件通常会提供 UseSomething 方法，以便将中间件注册到管道
中。添加定制中间件的另一种方法是调用 app.Use 方法，指定负责
处理请求的应用程序委托函数。

你可能已经注意到，在代码清单 1-3 中，Configure 方法有一个
额外的参数：IHostingEnvironment。它提供有关宿主环境的信息，
包括当前的 EnvironmentName。下文将进一步介绍它们。

1.5　ASP.NET Core 的重要新特性

除全新的启动模式外，ASP.NET Core 还新增了以前需要第三方组件或自定义开发才能实现的一些功能：

- 更方便的多环境处理。
- 内置的依赖关系注入。
- 一套内置的日志记录框架。
- 一个更强大、更易于设置和使用的配置基础架构。

1.5.1　环境

ASP.NET Core 中的一个基本特性是访问有关应用程序运行环境信息的结构化方法，这涉及了解环境是开发(development)、演示(staging)还是生产(production)类型。

此信息可在传递给 Configure 方法的 IHostingEnvironment 参数内获取。只需要检查其 EnvironmentName 属性即可识别当前环境。对于最常用的环境名称，有一些扩展方法可以进一步简化该过程：IsDevelopment()、IsStaging()和 IsProduction()，对于其他非常规的环境名称，可以使用 IsEnvironment(envName)方法。

在识别环境后，即可添加基于环境的不同条件进行针对性处理的功能。例如，可以仅在开发环境中显示详细错误信息，而仅在生产环境中显示用户友好的信息。

如果环境之间的差异非常显著，ASP.NET Core 允许为各个环境使用不同的启动类或配置方法。例如，如果存在名为 StartupDevelopment 的类，则在环境为 Development 时，将使用此类而不是标准的 Startup 类。同样，将用 ConfigureDevelopment()方法替代 Configure()。

环境是通过环境变量 ASPNETCORE_ENVIRONMENT 指定的，该变量可以通过多种不同的方式设置。例如，可以通过 Windows 控制面板，用批处理脚本(特别是在服务器中)或直接从 Visual Studio

中的项目设置的 Debug 部分(如图 1-8 所示)设置该变量。

通过 GUI 设置该信息后，会将其存储在 launchSettings.json 文件中，如代码清单 1-4 所示。

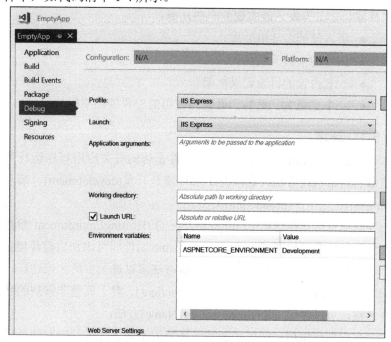

图 1-8　项目设置

代码清单 1-4：LaunchSettings.json

```
{
  "iisSettings": {
    "windowsAuthentication": false,
    "anonymousAuthentication": true,
    "iisExpress": {
      "applicationUrl": "http://localhost:34933/",
      "sslPort": 0
    }
  },
  "profiles": {
    "IIS Express": {
      "commandName": "IISExpress",
```

```
    "launchBrowser": true,
    "environmentVariables": {
      "ASPNETCORE_ENVIRONMENT": "Development"
    }
  },
  "EmptyApp": {
    "commandName": "Project",
    "launchBrowser": true,
    "environmentVariables": {
      "ASPNETCORE_ENVIRONMENT": "Development"
    },
    "applicationUrl": "http://localhost:34934"
  }
 }
}
```

1.5.2　依赖关系注入

在以前的 ASP.NET 框架中，是否使用外部依赖关系注入库由开发人员自主决定。ASP.NET Core 不仅内置了对依赖关系注入的支持，而且实际上要求使用它以使应用程序正常工作。

1. 何谓依赖关系注入？

依赖关系注入(Dependency Injection，DI)是一种用于构建松散耦合系统的模式。类不是直接实例化依赖关系或访问静态实例，而以某种方式从外部获取它们需要的对象。通常，这些类通过将对象指定为构造函数的参数，声明它们所需的对象。

遵循这种方法设计的类遵循依赖关系倒置原则(Dependency Inversion Principle)。该原则指出：

A. 高级模块不应该依赖于低级模块。两者都应该依赖于抽象。

B. 抽象不应该依赖于细节信息。细节信息应该依赖于抽象。

——Robert C. "Uncle Bob" Martin

这也意味着这些类不应该要求具体的对象，而应以接口形式要求它们的抽象。

以这种方式构建的系统的问题是，在某个临界点上，要创建和

"注入"到类中的对象可能数量多到难以管理。为处理这个问题,需要有一个可以负责创建所有这些类及其相关依赖关系的工厂方法(factory method)。这样的类被称为容器(container)。容器的通常运作方式是维护一个列表,其中包含容器必须为给定的某个接口实例化的具体类。稍后,当要求容器创建一个类的实例时,它们将基于该列表,检查该类的所有依赖关系并创建它们。通过这种方式,即使是非常复杂的关系图也可以通过一行代码来创建。

除了实例化类之外,这些称为控制倒置/依赖关系注入(Inversion of Control/Dependency Injection,IoC/DI)的容器还可以管理依赖关系的生存期,这意味着它们知道是否可以重用相同的对象,以及是否每次必须创建另一个实例。

注意

本节只是对一个十分复杂而广泛的主题做了非常简要的介绍。有关该主题的书籍很多,在互联网上也有大量文章。笔者特别推荐 Robert C. "Uncle Bob" Martin 或 Martin Fowler 的文章。

2. 在 ASP.NET Core 中使用依赖关系注入

尽管依赖关系注入的概念相当复杂,但在 ASP.NET Core 中使用它非常简单。容器的配置在 Startup 类的 ConfigureServices 方法内完成。实际容器是以名为 services 的参数传递给该方法的 IServiceCollection 变量。必须将所有依赖关系添加到此集合中。

有两种类型的依赖关系:框架运作所需的依赖关系和应用程序运作所需的依赖关系。第一种类型的依赖关系通常通过类似 AddService 的扩展方法进行配置。例如,可通过调用 services. AddMvc()以添加运行 ASP.NET MVC 所需的服务,也可以使用 services. AddDbContext<MyDbContext>(...)添加实体框架(Entity Framework)所需的数据库上下文。第二种类型的依赖关系则通过指定一个接口和一个具体类型来添加。每当容器接收到一次接口请求时，将实例化一次该具体类型。

添加服务的语法取决于服务需要的生存期类型：

- **暂时(Transient)** 服务在每次请求时都会创建，通常用于无状态的轻量级服务。此类服务使用 services.AddTransient <IEmailSender,EmailSender>()添加。

- **作用域(Scoped)** 服务会为每个 Web 请求创建一次，通常用于保存对存储库、数据访问类或任何会保留某种用于整个请求期的状态的服务的引用。该类服务使用 services.AddScoped <IBlogRepository,BlogRepository>()注册。

- **单例(Singleton)** 服务会在第一次被请求时创建一次，该实例将为后续所有请求复用。单例服务通常用于在应用程序的整个生命期保持程序的状态。单例服务使用 services.AddSingleton <IApplicationCache, ApplicationCache>()注册。

用于 ASP.NET Core 应用程序的典型 ConfigureServices 方法可能类似于以下代码片段，该片段是在选择独立的用户账户时从默认项目模板中提取的：

```
public void ConfigureServices(IServiceCollection services)
{
    // Add framework services.
    services.AddDbContext<ApplicationDbContext>(options =>
        options.UseSqlServer(Configuration.GetConnectionString
        ("DefaultConnection")));

    services.AddIdentity<ApplicationUser, IdentityRole>()
        .AddEntityFrameworkStores<ApplicationDbContext>()
        .AddDefaultTokenProviders();

    services.AddMvc();

    // Add application services.
    services.AddTransient<IEmailSender, AuthMessageSender>();
    services.AddTransient<ISmsSender, AuthMessageSender>();
}
```

此外，还可以给出一个特定实例(这种情况下，容器将始终创建这个实例)。对于更复杂的场景，可以配置一种工厂方法以帮助容器创建特定服务的实例。

依赖关系的使用则更简便。在类、控制器或服务的构造函数中，只需要添加一个具有所需依赖关系类型的参数即可。稍后介绍 MVC 框架时，会列举一个更好的示例。

1.5.3　日志记录

ASP.NET Core 带有一个集成的日志记录库，其中包含基本的提供程序，可将日志写入控制台，也可写入到调试输出，该调试输出已通过 WebHost.CreateDefaultBuilder(代码清单 1-2 中出现过该方法)配置为默认 Web 宿主设置的一部分。

1. 日志记录器的实例化

记录器可直接使用依赖关系注入的方法，通过在控制器或服务的构造函数中指定类型为 ILogger <T>的参数进行注入。依赖关系注入框架将提供一个记录器，其信息类别为完整的数据类型名称(例如Wrox.FrontendDev.MvcSample.HomeController)。

2. 写入日志信息

消息写入很容易通过内置日志记录库提供的扩展方法来完成。

```
_logger.LogInformation("Reached bottom of pipeline for request
{path}", context.Request.Path)
_logger.LogWarning("File not found")
_logger.LogError("Cannot connect to database")
```

3. 其他日志记录配置

在控制台和调试提供程序中，已进行日志记录器的默认配置，但也可指定其他提供程序和配置。

所有其他配置都必须在 Program.cs 文件中，在使用 Configure

Logging 方法设置 Web 宿主时指定。

```
WebHost.CreateDefaultBuilder(args)
    .UseStartup<Startup>()
    .ConfigureLogging((hostingContext, logging)=>
    {
        //Here goes all configuration
    })
    .Build();
```

ASP.NET Core 附带的内置日志记录提供程序可写入控制台、调试窗口、Trace、Azure App 日志记录和(仅受标准框架支持的)Windows 事件日志等输出目标，但如有必要，也可添加第三方日志记录提供程序，如 NLog 或 Serilog 等。

例如，要添加另一个日志记录提供程序(如写入 Windows 事件日志的提供程序)，必须在 ConfigureLogging 方法内调用 logging. AddEventLog()。

必须指定的另一个重要配置是希望写入日志文件的日志级别。可使用方法 logging.SetMinimumLevel(LogLevel.Warning)为整个应用程序完成该配置。就本示例语句而言，将只记录警告、错误或严重错误。

可根据记录提供程序和信息类别(通常是日志消息所在的类的名称)，进一步细化日志记录级别配置。

例如，假设希望将所有日志消息发送到调试提供程序，而在控制台日志记录程序中,你关心自己编写的代码产生的所有日志信息，但对于源自 ASP.NET Core 库的信息，只关心警告及以上级别的信息。

此类配置通过使用过滤器(filter)完成。可通过配置文件、代码甚至自定义函数来指定过滤器。

最简单的方法是使用 JSON 在标准配置文件 appsettings.json 中指定:

```
The easiest approach is using JSON inside the standard
appsettings.json configuration file:{
```

```
"Logging": {
  "IncludeScopes": false,
  "Debug": {
    "LogLevel": {
      "Default": "Information"
    }
  },
  "Console": {
    "LogLevel": {
      "Microsoft.AspNet.Core": "Warning",
      "MyCode": "Information"
    }
  },
  "LogLevel": {
    "Default": "Warning",
  }
}
}
```

在编写 Web 宿主程序时，在 ConfigureLogging 方法中调用 AddFilter 方法也可完成类似的操作：

```
logging.AddFilter<ConsoleLoggerProvider>("Microsoft.AspNet",
LogLevel.Warning);
logging.AddFilter<DebugLoggerProvider>("Default",LogLevel.
Information);
```

两种方法可以一起使用，并且可能出现多个过滤器均适用于单条日志消息的情况。日志记录框架应用以下规则来决定应用哪个过滤器：

(1) 首先，它选择所有适用于该提供程序的过滤器和所有没有指定提供程序的过滤器。

(2) 然后，比较过滤器的信息类别并应用最具体的类别，例如 Microsoft.AspNet.Core.Mvc 比 Microsoft.AspNet.Core 更具体。

(3) 最后，如果还剩余多个过滤器，则选用最后一个指定的过滤器。

1.5.4 配置

如果你曾用过标准 ASP.NET 框架中的配置设置，就会知道除了最简单的那些场景之外，设置可能非常复杂。

新的配置框架支持不同的设置数据源(XML、JSON、INI、环境变量、命令行参数和内存数据集)。它还能自动管理不同的环境，使得创建强类型(strongly-typed)配置选项十分简便。

新配置系统的推荐使用方式是在构建 Web 宿主时对其进行设置，然后在应用程序中直接读取，或通过新的强类型选项读取。

1．设置配置数据源

因为 Configuration 类的最简单形式只是键-值集合，所以其设置过程就是添加用于从中读取所有这些键-值对的源。默认的 Web 宿主生成器已经进行了设置，所以只需要知道会从何处读取该配置：

(1) 第一个配置数据源是项目根目录下的 appsettings.json 文件。

(2) 接下来将从 appsettings.{env.EnvironmentName}.json 文件中读取配置。

(3) 也可从环境变量中读取配置数据。

(4) 最后，在使用 dotnet run 命令启动应用程序时使用的参数也可以传递配置。

这一设置可使在第一个 appsettings.json 文件中定义的默认设置参数，可被另一个名称取决于当前环境的 JSON 文件中的设置参数覆盖，后者则可能最终被服务器上设置的环境变量(或传递给运行应用程序的命令行工具的参数)覆盖。例如，在不同环境中，文件夹的路径或数据库连接字符串可能不同。

其他配置数据源还有内存数据集(in-memory collection)，它通常用作提供默认设置值的第一数据源；以及用户秘密(Users Secrets)配置数据源，它用于存储密码或授权令牌等不希望提交给源代码存储库的敏感信息。

2. 从配置中读取值

读取数据集也很简单。只需要使用其索引键即可读取设置，例如 Configuration["username"]。如果这些值来自支持设置树的源(如 JSON 文件)，则索引键是将从层次结构的根开始的所有属性名称连接在一起，并由 ":" 符号分隔的字符串。

例如，要读取在代码清单 1-5 所示的设置文件中定义的连接字符串，应该使用以下索引键：ConnectionStrings:DefaultConnection。可通过类似的方式访问设置的各个分节，但不能使用简单的字典键方法，而必须使用 GetSection 方法。例如，Configuration. GetSection ("Logging")获取与日志记录相关的整个子分节设置(然后可将设置传递给日志记录提供程序，而非通过代码配置)。

代码清单 1-5：默认项目模板的 Appsettings.json 文件

```
{
  "ConnectionStrings": {
    "DefaultConnection":
"Server=(localdb)\\mssqllocaldb;Database=aspnet-ConfigSample-
c18648e9-6f7a-40e6-b3f2-12a82e4e92eb;Trusted_Connection=
True;MultipleActiveResultSets=true"
  },
  "Logging": {
    "IncludeScopes": false,
    "LogLevel": {
      "Default": "Warning"
    }
  }
}
```

遗憾的是，这种简单方法只有在能够直接访问配置类(例如 Startup 类)的实例时才有效。有两种可选方法可与其他组件共享配置。一种方法是创建一个自定义服务以集中配置访问操作，就像标准的 ASP.NET 框架的做法一样。第二种是新方法，也是推荐使用的方法，该方法更容易配置，也不需要编写定制代码。这种方法使用 Options。

3. 使用强类型配置

创建强类型配置选项所需要做的工作，并不比创建实际用于保存设置的那些类多太多。

例如，假设希望访问以下配置设置：

```
"MySimpleConfiguration": "option from json file",
"MyComplexConfiguration": {
    "Username": "simonech",
    "Age": 42,
    "IsMvp": true
}
```

只需要创建两个逐一映射 JSON 文件中的属性的类，如代码清单 1-6 所示。

代码清单 1-6：选项类(Configuration\MyOptions.cs)

```
public class MyOptions
{
    public string MySimpleConfiguration { get; set; }
    public MySubOptions MyComplexConfiguration { get; set;}
}

public class MySubOptions
{
    public string Username { get; set; }
    public int Age { get; set; }
    public bool IsMvp { get; set; }

}
```

现在要做的只剩下在配置和类之间创建绑定。这是通过 ConfigureServices 方法完成的，如下面的代码片段所示：

```
public void ConfigureServices(IServiceCollection services)
{
  services.AddOptions();
  services.Configure<MyOptions>(Configuration);
}
```

AddOptions 方法仅增加了对将选项注入控制器或服务的操作

的支持，而 Configure <TOption>扩展方法则扫描 Configuration 集合并将其中的键映射到 Options 类中的属性值。如果集合包含未映射的键，将直接忽略它们。

如果某个选项类仅关心某个子部分的值，例如 MyComplex Configuration，则可以在调用 Configure<TOption>扩展方法时指定要用作配置根的分节，与配置日志记录时的操作类似：

```
services.Configure<MySubOptions>(Configuration.GetSection
("MyComplexConfiguration"))
```

现在即可通过调用注入目标的构造函数，将选项注入任何请求它们的控制器或服务中。

代码清单 1-7 中展示了一个通过向构造函数中添加 IOptions <MySubOptions>类型的参数来访问选项类 MySubOptions 的控制器。注意，该参数不是实际的选项类，而是它的一个访问器(Accessor)，所以在使用它时需要使用 Value 属性。

代码清单 1-7：带选项的 HomeController

```
public class HomeController : Controller
{
    private readonly MySubOptions _options;

    public HomeController(IOptions<MySubOptions> optionsAccessor)
    {
        _optionsAccessor = optionsAccessor.Value;
    }

    public IActionResult Index()
    {
        var model = _options;
        return View(model);
    }
}
```

IOptions 的替代方案

使用 IOptions 是 ASP.NET Core 团队推荐的方法，因为它为其

他应用场景——例如在配置发生更改时自动重新加载——提供了前
提，但有些人认为这种方法过于复杂。

幸运的是，还有其他一些替代方案，其中之一就是通过直接在 IoC
容器中注册配置，将其直接传送给控制器。除了 ConfigureServices
方法和 Controller 之外，该方案的大部分代码与使用 IOptions 的代
码类似。

也可以直接将 Configuration 对象绑定到强类型的类，然后将其
注册到 IoC 容器中，而不是通过调用 AddOptions 方法启用 Options
框架：

```
var config = new MySubOptions();
Configuration.GetSection("MyComplexConfiguration").Bind
(config);
services.AddSingleton(config);
```

通过这种方式，控制器可直接使用配置，而不必经过 IOptions
接口转手。

1.6　部分 ASP.NET Core 中间件简介

现在，我们编写的这个应用程序还没有什么功能，只能显示一
串文本。但是，只需要添加一些中间件即可添加更多功能，这些中
间件已作为 ASP.NET Core 的一部分发布。

1.6.1　诊断

你可能希望添加的第一个附加组件可在 Microsoft.AspNetCore.
Diagnostics 软件包中找到。不必手动添加该包，因为在 ASP.NET
Core 2.0 中，所有包都已作为 Microsoft.AspNetCore.All 元数据包的
一部分纳入。

它包含一些用于协助处理错误的不同组件。首先是开发者异常
页面，可使用 UseDeveloperExceptionPage 添加到管道中，这是"死

亡黄页(Yellow Page of Death)"的一个更强大替代品，因为它还能显示一些有关请求状态、cookie 和 HTTP 头的信息(如图 1-9 所示)。

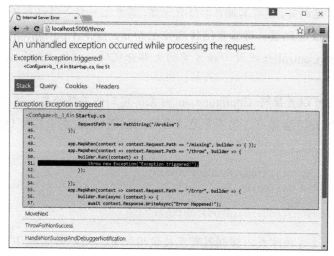

图 1-9　开发者异常页面

此页面在开发过程中非常有用，但这些详细信息绝不应暴露给公众。异常处理程序中间件可用于在发生错误时通过指定应用程序必须重定向的路径将用户转向其他页面：

```
app.UseExceptionHandler("/Error")
```

如果页面不存在，通常应用程序应该返回 HTTP 404 状态码和"页面未找到"的警告信息，但除非先行指定，ASP.NET Core 并不会这样做。幸运的是，完成指定操作很简单，只需要使用 app.UseStatusCodePages()将其添加到管道中。

1.6.2　提供静态文件服务

通过使用 Microsoft.AspNetCore.StaticFiles 包的功能，并使用 app.UseStaticFiles()注册该中间件，ASP.NET Core 应用程序可以提供 HTML、CSS、JavaScript 和图像等静态文件服务。

该中间件组件将提供 wwwroot 文件夹下的所有文件，就像它们位于应用程序的根路径中一样。因此，当接收到对 http://example.com/index.html 的一个请求时，将返回/wwwroot/index.html 文件。为提供 wwwroot 以外的文件夹服务，也可定义其他路径。以下代码创建 StaticFile 中间件的另一个实例，以在接收到对路径 http://example.com/archive 的请求时，为 MyArchive 下所有文件提供服务。

```
app.UseStaticFiles(new StaticFileOptions()
{
    FileProvider = new PhysicalFileProvider(
        Path.Combine(Directory.GetCurrentDirectory(), @"MyArchive")),
    RequestPath = new PathString("/Archive")
});
```

如果希望自动提供 index.html 文件而不必指定其名称，则必须在所有 UseStaticFiles 之前添加另一个中间件组件 UseDefaultFiles。

该软件包中的其他组件还有可浏览文件和文件夹的 UseDirectory Browser；以及 UseFileServer，它包含上述另三个组件的所有功能(但出于安全原因，默认情况下目录浏览是禁用的)。

警告

在此强调一些安全性注意事项。UseStaticFiles 中间件不会对授权规则进行任何检查，因此存储在 wwwroot 下的所有文件都可公开访问。另外，启用目录浏览是一种安全风险，不应在生产网站中应用。如果需要目录浏览功能或保护静态资产，最好将文件存储在无法从 Web 访问的文件夹中，并使用 ASP.NET Core MVC，通过控制器的动作返回结果。

1.6.3　应用程序框架

最重要的中间件组件是完全接管执行并托管应用程序代码的组件。对于 ASP.NET Core，有两个应用程序框架可用：

- **MVC 框架**，用于开发呈现 HTML 和处理用户交互的 Web

应用程序。

- **Web API 框架**，用于构建 RESTful Web 服务，此类服务可供
  单页应用程序或移动/物联网设备上的本机应用程序使用。

这两个框架共享许多概念，并且与以前的 ASP.NET 版本不同的
是，在 ASP.NET Core 中，二者的编程模型已经统一，因此几乎没
有区别。

1.7　ASP.NET Core MVC

几乎所有的 MVC 更新版框架的新特性，都与从标准 ASP.NET
框架向 ASP.NET Core 的转变有关。前文已经涵盖了新的启动进程、
基于 OWIN 的新执行管道、新的宿主程序模型，以及内置的配置、
日志记录和依赖关系注入库。

本章最后一节介绍 MVC 框架特有的新功能，首先介绍在
ASP.NET Core 应用程序中设置该框架的新方式，以及如何定义路由
表，然后介绍如何在控制器中使用依赖关系注入，最后讲述与视图
相关的有趣新功能：视图组件和标签助手。

1.7.1　在 ASP.NET Core 中使用 MVC 框架

在 ASP.NET Core 中，启动一个 MVC 项目的最简单方法是使用
Web Application 模板创建一个新项目。这样做将设置好一切，以便
用户可以立即开始编写应用程序的代码。大部分准备工作都在
Startup 类中完成(参见代码清单 1-8)。

代码清单 1-8：Web Application 模板的 Startup 类

```
public class Startup
{
    public Startup(IConfigurationRoot configuration)
    {
        Configuration = configuration;
    }
```

```
public IConfigurationRoot Configuration { get; }

// This method gets called by the runtime. Use this method
// to add services to the container.
public void ConfigureServices(IServiceCollection services)
{
    // Add framework services.
    services.AddMvc();
}

// This method gets called by the runtime. Use this method
// to configure the HTTP request pipeline.
public void Configure(IApplicationBuilder app, IHostingEnvironment
env)
{
    if (env.IsDevelopment())
    {
        app.UseDeveloperExceptionPage();
        app.UseBrowserLink();
    }
    else
    {
        app.UseExceptionHandler("/Home/Error");
    }

    app.UseStaticFiles();

    app.UseMvc(routes =>
    {
        routes.MapRoute(
            name: "default",
            template: "{controller=Home}/{action=Index}/{id?}");
    });
}
}
```

除了前几节中已经描述的内容(诊断、错误处理和提供静态文件服务)之外，默认模板还将 Mvc 中间件添加到管道中，并将 Mvc 服务添加到内置的 IoC 容器中。

在添加 Mvc 中间件时，还将配置路由。在本例中，指定了默认路由。它将 URL 的第一个字段与控制器名相匹配，将第二个字段与动作名相匹配，将第三个字段与 action 方法的名为 id 的参数相匹配。如果没有指定，请求将由名为 Index 的操作和名为 Home 的控制器处理。

这与以前的 ASP.NET MVC 框架没有区别，只是定义路由表的一种不同方式。定义不在 global.asax 文件中进行，而是在中间件的配置中完成。

1.7.2　在控制器中使用依赖关系注入

本章前文中已介绍过依赖关系注入，以及如何将自定义服务添加到内置容器中。下面将介绍如何在控制器和操作方法中使用这些服务。

使用抽象的诸多原因之一是这样便于测试应用程序的行为。例如，如果某个网上商店必须在春季的第一天显示一条特殊消息，可能不会想等到 3 月 21 日才确保应用程序正常工作。因此对于这种情况，更明智的做法是不要直接依赖 System.DateTime.Today 属性，而是将该属性包装在外部服务中，以将其替换为一个始终返回 3 月 21 日的假实现，以便进行测试。

该做法是通过定义接口(对于本例而言接口非常简单)，并通过在一个具体类中实现该接口完成的，如代码清单 1-9 所示。

代码清单 1-9：IDateService 接口及其实现

```
public interface IDateService
{
    DateTime Today { get; }
}

public class DateService: IDateService
{
    public DateTime Today
    {
        get {
            return DateTime.Today;
        }
    }
}
```

```
public class TestDateService : IDateService
{
   public DateTime Today
   {
      get
      {
         return new DateTime(2017, 3, 21);
      }
   }
}
```

在接口和具体类就绪后，必须修改控制器以允许向其构造函数
进行注入。实现方法如代码清单 1-10 所示。

代码清单 1-10：带有构造函数注入的 HomeController

```
public class HomeController : Controller
{
   private readonly IDateService _dateService;

   public HomeController(IDateService dateService)
   {
      _dateService = dateService;
   }

   public IActionResult Index()
   {
      var today = _dateService.Today;
      if(today.Month==3 && today.Day==21)
         ViewData["Message"] = "Spring has started, enjoy our
         spring sales!";
      return View();
   }
}
```

将服务和控制器连接在一起所需的最后一步，是将服务注册到
内置的 IoC 容器中。如前所述，这是在 ConfigureServices 方法内部，
通过使用 services.AddTransient <IDateService, dateService>()完成的。

在操作方法中使用服务的另一种方式是通过新的[FromServices]
绑定属性。该方式对于仅在一个特定方法中(而非整个控制器中)用

到服务的情况特别有用。可以用这个新属性重写代码清单 1-10，如代码清单 1-11 所示。

代码清单 1-11：带有操作方法参数注入的 HomeController

```
public class HomeController : Controller
{
    public IActionResult Index([FromServices] IdateService
    dateService)
    {
        var today = dateService.Today;
        if(today.Month==3 && today.Day==21)
            ViewData["Message"] = "Spring has started, enjoy our
            spring sales!";
        return View();
    }
}
```

1.7.3　视图组件

上面介绍了控制器的设置过程和一些新特性，接下来将从视图组件开始，介绍视图方面的新功能。它们与分部视图(Partial View)类似，但功能更强大，可用于不同的场景。

顾名思义，分部视图用于将复杂的视图分割成许多较小且可重用的部分。它们在视图的上下文中执行，因此可以访问视图模型，并且由于只是一些 razor 文件，它们无法拥有复杂的逻辑。

另一方面，视图组件不能访问视图模型，只能访问传递给它的参数。它们是同时封装了后端逻辑和 razor 视图的可重用组件。因此，它们由两部分组成：视图组件类和 razor 视图。它们的应用场景与已被从 ASP.NET Core 的 MVC 框架中删除的 Child Actions(子操作)相同，它们在页面中可重复使用，并需要一些可能涉及查询数据库或 Web 服务的逻辑操作的部分，如侧边栏、菜单等。

组件类继承自 ViewComponent 类，并且必须实现方法 Invoke 或 InvokeAsync(返回 IviewComponentResult)。按照惯例，视图组件类位于项目根目录的 ViewComponents 文件夹中，其名称必须以

ViewComponent 结尾。代码清单 1-12 展示了一个名为 SideBarView
Component 的视图组件类，该类用于显示需要在网站的所有页面中
显示的链接列表。

```
namespace MvcSample.ViewComponents
{
    public class SideBarViewComponent : ViewComponent
    {
        private readonly ILinkRepository db;
        public SideBarViewComponent(ILinkRepository repository)
        {
            db = repository;
        }

        public IViewComponentResult Invoke (int max = 10)
        {
            var items = db.GetLinks().Take(max);
            return View(items);
        }
    }
}
```

如例子中所示，像控制器一样，视图组件类可使用依赖注入框
架(在本例中，它使用了一个存储库类，该类返回一个链接的列表)。

由视图组件呈现的视图和任何其他视图一样，接收在 View 方
法中指定的视图模型，该模型可通过@Model 变量访问。唯一要记
住的细节是视图的名字。按照惯例，视图名必须是 Views\Shared\
Components\<组件名>\Default.cshtml(因此对于本例而言应该是
Views\Shared\Components\SideBar\Default.cshtml)，如代码清单 1-13
所示。

```
@model IEnumerable<MvcSample.Model.Link>

<h2>Blog Roll</h2>
<ul>
```

```
@foreach (var link in Model)
{
    <li><a href="@link.Url">@link.Title</a></li>
}
</ul>
```

最后，为将视图组件包含到视图中，必须调用@Component.
InvokeAsync 方法，提供一个匿名类，其中带有视图组件的 Invoke
方法的参数。

```
@await Component.InvokeAsync("SideBar", new { max = 5})
```

如果你使用过之前版本中的子操作，将立即注意到视图组件和
它的主要区别。这些参数直接由调用方法提供，并且不通过模型绑
定在路由中外推。这是因为视图组件不是操作方法，而是一个不重
用标准 MVC 执行管道的全新元素。另一个好处是，不会像在使用
子操作时忘了指定[ChildOnly]属性一样，导致将这些组件错误地暴
露给网络。

1.7.4　标签帮助程序

标签帮助程序(Tag Helper)是 ASP.NET Core MVC 中引入的一个
新概念。它们是标准 HTML 标签和 Razor HTML 帮助程序的混合体，
兼具二者之精华。标签帮助程序的形式与标准的 HTML 标签类似，
因此不必再在编写 HTML 和 C#代码之间切换。它们也有一些 HTML
帮助程序的服务器端逻辑，例如，它们可以读取视图模型的值并有
条件地添加 CSS 类。

1. 在 ASP.NET Core 中使用标签帮助程序

下面以如何为表单编写一个输入文本框为例进行说明。对于
HTML 帮助程序，需要写出@Html.TextBoxFor(m => m.Email)，而使
用标记助手时，代码则是<input asp-for="Email"/>。前者是一段返回
HTML 的C#代码，后者则是增强了一些特殊属性(在本例中是 asp-for)

的 HTML。

当 HTML 标签需要附加属性时(例如，你想添加特定的类或某些 data-*或 aria-*属性)，其优势将突出。使用 HTML 帮助程序时，需要提供一个包含所有附加属性的匿名对象，而使用标签帮助程序，只需要编写标准静态 HTML，并直接添加特殊属性。

通过比较需要一个额外类和需要禁用自动完成的文本框的两种不同语法，可以更明显地看出二者的差异。使用 HTML 帮助程序时，代码如下：

```
@Html.TextBoxFor(m=>m.Email, new { @class = "form-control",
autocomplete="off" })
```

同样的文本框，使用标签帮助程序的代码如下：

```
<input asp-for="Email" class="form-control" autocomplete=
"off" />
```

使用标签帮助程序的另一个附加价值是 Visual Studio 对其的支持。标签帮助程序获得 IntelliSense(智能提示)功能并具有不同的语法高亮显示功能。

图 1-10～图 1-12 显示了开始在 Visual Studio 中输入一个可能是标签帮助程序的标签时会发生的情况。在 IntelliSense 列表中，可识别哪些标签可能是标签帮助程序，它们用新图标(带有<>尖括号的@符号)标识。选择了标签后，IntelliSense 将显示所有可能的属性，同样使用新图标标识标签帮助程序。最后，当输入属性时，Visual Studio 会将其识别为一个标签帮助程序；它将用不同颜色标记该标签，并为 asp-for 属性的值提供 IntelliSense。

ASP.NET Core MVC 附带了许多标签帮助程序，除了用于呈现表单，还可用于其他任务，比如某个 Image 标签帮助程序，可以向 URL 添加版本号以确保它不被缓存，以及一个 Environment 标签帮助程序，可以依据所属的环境，有条件地呈现不同的 HTML 片段。

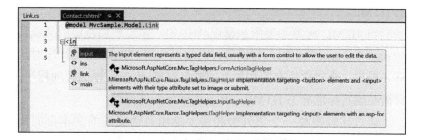

图 1-10　识别可能是标签帮助程序的标签

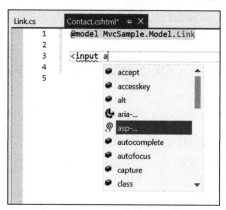

图 1-11　标签的属性

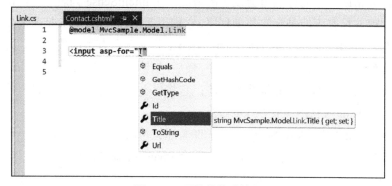

图 1-12　属性的快速输入

2. 编写自定义标签帮助程序

除可用的内置程序外，也可很容易地编写自定义标签帮助程序。当需要输出一段长而重复，在一个实例与另一个实例间区别很小的 HTML 代码时，它们非常有用。

为说明如何编写自定义标签帮助程序，下面编写一个通过指定电子邮件地址，自动创建电子邮件链接的标签帮助程序。该程序将把<email>info@wrox.com</email>转换为<a href="mailto:info@wrox.com"> info@wrox.com </a>。

标签帮助程序是一个名为<Helper>TagHelper 的类，它从 TagHelper 类派生，并实现了 Process 或 ProcessAsync 方法。

这两个方法有以下两个参数：

- context 参数包含当前执行上下文的信息。
- output 参数包含一个原始 HTML 的模型且必须由标签帮助程序修改。

该标签帮助程序的全部代码如代码清单 1-14 所示。

代码清单 1-14：EmailTagHelper.cs

```
public class EmailTagHelper: TagHelper
{
    public override async Task ProcessAsync(TagHelperContext
    context, TagHelperOutput output)
    {
        output.TagName = "a";
        var content = await output.GetChildContentAsync();
        output.Attributes.SetAttribute("href", "mailto:"+content.
        GetContent());
    }
}
```

下面分析该代码的功能。

第一行使用 HTML 代码中所需的字符串(在本例中是 email)替代标签的名称(output Tagname)，由于目的是生成一个链接，它必须是一个<a>标签。

第二行获取元素的内容。这是通过使用 GetChildContentAsync 方法完成的，该方法还负责执行任何存在的 Razor 表达式。

最后，将上一步中获取的字符串赋给 href 属性。

在使用新创建的标签帮助程序之前，必须指示框架在何处寻找标签帮助程序。这是在_ViewImports.cshtml 文件中完成的，请参见代码清单 1-15。

代码清单 1-15：_ViewImports.cshtml

```
@using MvcSample
@addTagHelper *, Microsoft.AspNetCore.Mvc.TagHelpers
@addTagHelper "*, MvcSample"
```

第一行由默认项目添加，是使用内置标签帮助程序所需要的，而第二行则指示框架在项目的所有类中寻找新的标签帮助程序。

最终，通过输入以下内容，即可使用标签帮助程序：

```
<email>info@wrox.com</email>
```

除此示例外，第 4 章还给出一个呈现 Bootstrap 组件的标签帮助程序的代码。

3. 将视图组件作为标签帮助程序

上文已经介绍过如何使用 InvokeAsync 方法在 razor 视图中添加视图组件。但从 ASP.NET Core 1.1 开始，也可以通过附加前缀 vc，使用与标签帮助程序(和 IntelliSense)相同的语法来包含视图组件。

采用该语法，代码清单 1-12 和 1-13 中的视图组件也可以使用<vc:side-bar m></vc:side-bar>实例化并同样获得 IntelliSense 支持，如图 1-13 所示。

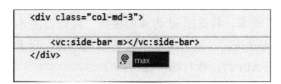

图 1-13　视图组件上的 IntelliSense

1.7.5　Web API

与以前版本的 Web API 不同，在 ASP.NET Core 中，Web API 应用程序可重用所有与 MVC 相同的特性和配置。

例如，要编写一个 API，返回代码清单 1-12 中使用的链接列表，只需要创建一个遵循 Web API 路由约定，并指定每个操作响应的 HTTP 动词的控制器，如代码清单 1-16 所示。

代码清单 1-16：LinksController.cs

```
[Route("api/[controller]")]
public class LinksController : Controller
{
    private readonly ILinkRepository db;
    public LinksController(ILinkRepository repository)
    {
        db = repository;
    }

    [HttpGet]
    public IEnumerable<Link> Get()
    {
        return db.GetLinks();
    }

    [HttpGet("{id}")]
    public Link Get(int id)
    {
        return db.GetLinks().SingleOrDefault(l=>l.Id==id);
    }
}
```

该控制器将响应向 URL 地址/api/Links 发出的 HTTP GET 请求，以 JSON 格式返回所有链接的列表，而对向 URL 地址/api/Links/4

发出的 GET 请求，将返回 id 为 4 的链接。此行为由 Route 属性以及 HttpGet 方法规定，前者配置 API 方法的名称，后者则指定在使用 GET 调用 API 时，执行哪个操作。

1.8　本章小结

ASP.NET Core 引入了一个新的、更现代化的框架，得益于内置依赖关系注入的支持和易于使用的组件模型，该框架有助于编写高质量的代码。除了更优秀的框架，整个开发体验也发生了彻底改变。新的基于命令行的开发者工具使得使用更轻量的 IDE 进行开发成为可能；类似 Bower、NPM 和 gulp 的典型前端开发领域元素的引入，使得新的.NET 堆栈对来自不同背景的开发者更具吸引力。

但这些变化也带来了新挑战。.NET 开发者必须自我优化，开始学习新技术并熟练掌握其他语言。本书的余下部分将详细介绍成为一名熟练.NET Web 开发者需要的所有新技术和语言。

第 **2** 章

前端开发者工具集

本章主要内容:

- 前端开发使用的工具类型
- 各工具类型中的主要工具

上一章简要介绍最新服务器端框架(ASP.NET Core 和 ASP.NET Core MVC)之后,本章将介绍前端开发的基础知识,向你展示何时需要采用一些附加工具,以提升开发工作的效率。

本章涵盖以下类型的工具:

- **JavaScript 框架**: 这些框架有助于构建复杂的 Web 界面,它们把典型服务器端系统开发的最佳实践引入前端开发中,例如模型-视图-控制器(MVC)模式、模型-视图-视图模型(model-view-view model,MVVM)、依赖关系注入(dependency injection,DI)、路由以及许多其他技术。

- **CSS 框架**: 开发者通常不擅长制作美观且保持风格一致的

Web 应用程序界面。CSS 框架提供了一套样式和 UI 组件集，利用这些样式和组件，可以开发出外观接近专业设计水准的 Web 应用程序。CSS 框架还有助于解决自适应设计(responsive design)问题，自适应设计可以适应多种分辨率和屏幕尺寸，还可以应用复杂的动画和页面变换效果。

- **包管理器**：系统正日趋变为一个不同组件的混合和组合体，其中许多组件依赖于其他组件。如果没有包管理器，那么管理所有依赖关系并保持版本正确将是一场噩梦。

- **构建(build)系统**：如果你的知识背景是纯.NET 的，可能已经使用过一些构建系统，例如 NAnt 或 MSBuild。前端开发业界推出了自己的构建系统，专为处理前端系统的构建工作而设计。

- **语言**：这部分超出了 C#和 VB.NET 的范畴，前述分类中涉及的工具中的大多数都是用 JavaScript 或其他领域专用语言(DSL)构建的，且必须与这些语言共同使用。

本章提供一份对上述每个分类中最流行工具的概览，首先介绍其中最基础的内容，也就是你需要了解的其他几种语言。

本章代码下载

本章的相关代码可通过网站 www.wrox.com 下载。搜索该书的 ISBN(978-1-119-18131-6)，可在第 2 章的下载部分找到对应代码。

2.1 需要了解的其他几种语言

以"前端开发者"方式开发 Web 应用程序所需要的语言不仅有 C#、标准客户端 JavaScript 和 CSS。本书中描述的许多工具依赖于另一个版本的 JavaScript(Node.JS)和其他领域特有的语言(如 Sass/Less 和 JSON)。

2.1.1　Node.js

Node.js 实际上不是一种语言，而更接近于一种用于快速构建可扩展的网络应用程序的平台。它构建在 Chrome V8 JavaScript 运行库(与 Google Chrome 浏览器内所使用的 JavaScript 引擎相同)之上。

Node.js 是一种基于事件的异步框架，具有非阻塞输入/输出(I/O)，基本上这意味着当应用程序等待 I/O 操作(从数据流读取或写入数据，其中数据流可以是磁盘上的文件、HTTP 连接、标准输出或任何其他以"流"方式传输数据的对象)或等待任何其他事件发生时，不会消耗 CPU 周期。

如果你从未接触过 Node.js 代码，代码清单 2-1 是 Node.js 的标准 Hello 示例。该代码加载 http 模块，通过指定响应到达时应该执行的函数来创建 server 对象，并开始监听端口 8080 上的 HTTP 连接。

代码清单 2-1：Node.js 的 Hello 示例

```
var http = require('http');

var server = http.createServer(function (req, res) {
  res.writeHead(200, {'Content-Type': 'text/plain'});
  res.end('Hello ASP.NET Core developers!\n');
});

server.listen(8080);

console.log('Server running at http://127.0.0.1:8080/');
```

但 I/O 不只与 HTTP 有关。I/O 还涉及从磁盘或内存流中读取和写入文件，因此 Node.js 也常用于开发命令行工具和实用程序。笔者在本书这样一本 ASP.NET Web 开发书籍中提到这一点的原因，是因为"前端开发业界"中最流行的构建工具大多数是利用 Node.js 开发的。

采用 Node.js 的另一个原因是因为该框架拥有一个非常有用的工具，即节点包管理器(Node Package Manager，NPM)，稍后将介绍该工具，第 5 章中更详细地介绍它。

2.1.2　JSON

严格来说，JSON(JavaScript Object Notation，JavaScript 对象表示)不是一种语言，而是一种数据交换格式，它易于由计算机解析和生成，同时易于人类读写。顾名思义，本质上它是对 JavaScript 对象序列化。如代码清单 2-2 所示，它是一个对象，其属性是一系列键-值对，其中的键必须是一个字符串，而值既可以是字符串/数值/布尔类型的值、另一个对象(包含在大括号内)，也可以是值的数组(位于方括号内的)。

代码清单 2-2：JSON 数据

```
{
  "name":"Simone Chiaretta",
  "age": 42,
  "address": {
    "city":"Brussels",
    "country":"Belgium"
  },
  "hobbies": [
    "triathlon",
    "web development",
    "jigsaw puzzles"
  ],
  "employed": true
}
```

利用 JavaScript 的 eval 函数解析 JSON 文本，将把文件中序列化的数据结构直接存入内存中。但是，并不推荐这样做，由于 eval 函数将执行所有内容，所以可能存在安全隐患。JavaScript 中有一个原生解析函数 JSON.parse(jsonText)，它将验证文本，清除掉恶意的和可能威胁安全的代码，只返回"消毒"后的数据结构。

其逆操作(将 JavaScript 对象写入 JSON 文本)也由 JSON.stringify(myObject)函数原生支持。

由于 JavaScript 中具备用于解析和写入 JSON 字符串的原生支持，该格式还用于在单页应用程序的客户端和服务器之间，通过 Ajax 调用进行数据交互。

由于便于读取，JSON 也逐渐开始用作配置文件的格式。在 ASP.NET Core 项目中，配置文件的首选格式是 JSON。此外，所有包管理器的配置文件也都采用 JSON 格式。

2.1.3　Sass 和 Less

如果你用过 CSS，可能已经注意到，它看起来像是一种易于处理的语法，但实际上，如果未经精心组织，它将成为一个维护噩梦。如果想改变某个组件的颜色，可能需要在多个不同的类定义中进行修改。此外，为指定框的大小，通常只有执行一些计算，才能获得填充、边距和边框的正确尺寸。

为克服这些问题，五年前，Ruby 社区开发了两种元语言，然后将它们编译成标准的 CSS：Sass(它是指 Syntactically Awesome Stylesheets)和 Less。通过采用这种方法，可引入诸如变量、函数、混入(mixin)和嵌套等概念，并且仍然得到标准的 CSS 文件。Sass 和 Less 起初都是 Ruby 语言的工具，但后来人们为它们开发了其他语言的编译器，所以现在它们可以集成在包括 Visual Studio 在内的任何开发工作流和 IDE 中。

现在，将介绍在这两种语言中如何实现一些基本特性，以及它们如何变换为 CSS。

首先，考虑每种语言的基本原则——变量。

在 Sass 中，变量由前缀$标识：

```
$ dark-blue:#3bbfce;
#header {
  color: $dark-blue;
}
h2 {
  color: $dark-blue;
}
```

Less 变量则使用@作为前缀：

```
@dark-blue:3bbfce,
#header {
  color: @dark-blue;
}
h2 {
  color: @dark-blue;
}
```

它们都被编译为如下 CSS：

```
#header {
  color: #3bbfce;
}
h2 {
  color: #3bbfce;
}
```

另一个基本特性是混入，它们基本上是一些 CSS 属性，这些属性可被包含在许多类的定义中。它们也可以接受参数。

在 Sass 中，包含概念在语法上是十分明显的。混入由关键字@mixin 定义，并与关键字@include 一起使用：

```
@mixin menu-border($width: 1px) {
  border-top: dotted $width black;
  border-bottom: solid $width*2 black;
}

#menu {
  @include menu-border
}

#side-menu {
  @include menu-border(2px)
}
```

另一方面，Less 不引入任何新语法，只是改变了 CSS 的标准类语法的用法，主要是使得类可作为其他类的一部分：

```
.menu-border(@ width: 1px){
    border-top: dotted @width black;
  border-bottom: solid @width*2 black;
```

```
}

#menu {
  .menu-border
}

#side-menu {
  .menu-border(2px)
}
```

两种语法都编译为以下代码行：

```
#menu {
  border-top: dotted 1px black;
  border-bottom: solid 2px black;
}

#side-menu {
  border-top: dotted 2px black;
  border-bottom: solid 4px black;
}
```

Sass 在语法上更显式，而 Less 尽可能重用标准 CSS，但它们的最终形式非常相似，因此选择使用哪一种取决于开发者。

笔者鼓励你在这两种语言的相应网站上阅读它们的其他特性，并试用它们以确定更喜欢哪一种。但是选择很可能最终取决于希望使用哪一类 CSS 框架。在本章介绍的四种框架中，两种使用了 Sass (Primer CSS 和 Material Design Lite)，另外两种使用了 Less(Bootstrap CSS 和 Semantic UI)。

2.1.4　JavaScript 的未来

JavaScript 基于演进中的 ECMAScript 标准，该标准在 2015 年发展到第 6 版，通常被称为 ES6。这个版本加入了一些有意义的新特性，例如类(带有构造函数、getter、setter 和继承)、模块、模块加载器、"箭头"语法(C#的 lambda 表达式)，以及一些标准数据结构(如 Map、Set 等)。

尽管主要浏览器在它们的最新版本中实现了 ES6 特性，但旧版本不支持这些特性，因此或许需要过一段时间之后才能将 ES6 用于 Web 开发。但正如 Sass 和 Less 克服了 CSS 的一些局限性一样，有些元语言实现了部分新规范。其中之一是 TypeScript。

2.1.5 TypeScript

在等待各种 JavaScript 引擎赶超 ES6 特性的同时，微软发布了 TypeScript。它引入了对 ES6 所提出的类、模块和箭头语法的支持，以及一些 JavaScript 中当前不可用的其他概念，如强类型、接口、泛型等。

但它并非一个微软版 JavaScript。类似于 Sass 和 Less 被编译成标准 CSS，TypeScript 也被编译成标准 JavaScript。它还执行静态分析，并报告可能存在的误用和类型错误。

如前所述，TypeScript 的特性之一是强类型。实际上，强类型只是在编译时检查的类型注解：

```
function add(x: number, y: number): number {
  return x+y;
}

var sum = add(2,3);
var wrongSun = add("hello","world");
```

上述代码中对函数 add 的第一次调用是正确的。它编译正确，并在执行时返回正确值。

另一方面，第二次调用是错误的。虽然它执行正确，但编译通不过，因为静态分析认为 hello 不是一个数值，不是函数 add 的预期参数类型。

代码清单 2-3 展示了如何在 TypeScript 中定义一个具有构造函数、public 类型方法、private 类型字段和访问器的类。

代码清单 2-3：一个 TypeScript 类

```
class Greeter {
  public greeting: string;
```

```
  private _name: string;

  constructor(message: string) {
    this.greeting = message;
  }

  greet() {
    return this.greeting + ", " + this._name+"!";
  }

  get name(): string {
    return this._name;
  }

  set name(newName: string) {
    this._name = newName;
  }
}

let greeter = new Greeter("Hello");
greeter.name="World";

alert(greeter.greet()); //Says "Hello, World!"
```

在此只展示了 TypeScript 的少数特性，但笔者希望你能更深入地了解它，因为它是 Angular 中编写 JavaScript 应用程序的方法，通过使用 TypeScript，Angular 大大提升了生产效率。

2.2　JavaScript 框架

和开发服务器端应用程序时绝不会通过手动处理 HTTP 请求和响应道理相同的是，也不应该通过在简单的 JavaScript 类中直接操作 DOM 并管理应用程序的状态，来构建客户端交互。对于该目的，应该使用 JavaScript 应用程序框架，如 Angular、React 等。

如果你已经在本行业工作多年，可能已经注意到 JavaScript 框架的兴衰速度有多快，而其中一些比其他的还要快。接下来几节将简要介绍目前流行的一些框架(考虑到它们的企业支持，以及已经有了较长时间的历史，它们可能仍然能坚持一段时间)。

2.2.1 Angular

Angular 框架目前由 Google 和一个由个人与企业开发者组成的
社区共同维护。Angular 是一个客户端框架，基于使用称为"Web
组件"的新元素扩展 HTML 的思路开发，这些 Web 组件添加了额
外行为。Web 组件既可以是 HTML 属性，也可以是元素。它们具有
相关模板，该模板通过使用写在双重花括号({{ }})内的表达式来呈
现组件的数据。代码清单 2-4 展示了一个使用了双向绑定的简单
Angular 应用程序的主要组件。注意，该应用程序被分为多个文件。

代码清单 2-4：一个简单的 Angular 应用程序

index.html：主 HTML 文件

```
<!doctype html>
<html>
<head>
  <meta charset="utf-8">
  <title>Hello Angular</title>
  <base href="/">
</head>
<body>
  <app-root>Loading...</app-root>
</body>
</html>
```

main.ts：应用程序启动文件

```
import './polyfills.ts';

import { platformBrowserDynamic } from '@angular/platform-
browser-dynamic';
import { enableProdMode } from '@angular/core';
import { AppModule } from './app/app.module';

platformBrowserDynamic().bootstrapModule(AppModule);
```

app.module.ts：App 模块定义文件

```
import { BrowserModule } from '@angular/platform-browser';
import { NgModule } from '@angular/core';
```

```
import { FormsModule } from '@angular/forms';
import { HttpModule } from '@angular/http';

import { AppComponent } from './app.component';

@NgModule({
  declarations: [
    AppComponent
  ],
  imports: [
    BrowserModule,
    FormsModule,
    HttpModule
  ],
  providers: [],
  bootstrap: [AppComponent]
})
export class AppModule { }
```

app.component.ts：App 组件应用程序文件

```
import { Component } from '@angular/core';

@Component({
  selector: 'app-root',
  templateUrl: './app.component.html',
  styleUrls: ['./app.component.css']
})
export class AppComponent {

  public firstName: string = "Simone";
  public lastName: string = "Chiaretta";

  fullName() {
    return `${this.firstName} ${this.lastName}`;
  }

}
```

app.component.html：App 组件模板文件

```
<form>
  <div>
    <label for="firstName">First name:</label>
    <input name="firstName" [(ngModel)]="firstName">
  </div>
```

```
  <div>
    <label for="lastName">Last name:</label>
    <input name="lastName" [(ngModel)]="lastName">
  </div>
</form>

<hr/>
<h1>Hello <span>{{ fullName() }}</span>!</h1>
```

整个程序都始于 app-root 元素，该元素定义了根组件，main.ts 文件中定义的应用程序引导指令从该根组件开始执行。然后可以看到 app 组件划分为三个文件：

- **app.module.ts,** 除了辅助代码之外，定义了该应用程序的所有组件。
- **app.component.ts,** 定义了实际组件(包含哪种 html 元素、哪个模板、哪种样式)及其行为。
- **app.component.html,** 是包含了组件所呈现的 HTML 标记的模板。

另一条重要指令是[(ngModel)]，它将表单元素绑定到组件模型的属性。

正如你可能已经注意到的那样，该 Angular 应用程序的 JavaScript 代码是用 TypeScript 编写的。

Angular 远不只有这些基本特性。它具备依赖关系注入、模板化、路由、模块、测试等功能，还可以定义自定义指令。下一章将详细介绍所有这些特性。

2.2.2　Knockout

Knockout 是在微软开发者圈子中特别流行的一种 JavaScript 框架。该框架最初由微软开发者 Steve Sanderson 开发，实现了"模型-视图-视图模型模式。在某种程度上，它的语法与 Angular 非常相似，但特性较少，并且需要更多的工作量以定义属性是否支持双向数据绑定。它也支持模板，以便在整个应用程序中重用相同的代码片段。

代码清单 2-5 展示了利用 Knockout 编写的与上一节中相同的 Hello 表单。

代码清单 2-5：利用 Knockout 编写的简单应用程序

```
<!doctype html>
<html>
  <head>
    <title>Hello Knockout!</title>
    <script src="knockout-min.js"></script>
  </head>
  <body>
  <div>
    <p>First name: <input data-bind="value: firstName" /></p>
    <p>Last name: <input data-bind="value: lastName" /></p>
     <hr>
    <h1>Hello <span data-bind="text: fullName"></span>!</h1>
    </div>
  </body>

  <script>
  function ViewModel() {
      this.firstName = ko.observable("Simone");
      this.lastName = ko.observable("Chiaretta");

      this.fullName = ko.computed(function() {
         return this.firstName() + " " + this.lastName();
      }, this);
  }

  ko.applyBindings(new ViewModel());
  </script>

</html>
```

这个简单应用程序中的主要组件位于 ViewModel 函数中，该函数利用 ko.observable 函数和 ko.computed 函数定义了视图模型的属性。第一个函数告知框架：给定的属性必须被"观察"，且双向绑定机制应该考虑它。第二个函数定义了一个属性，该属性依赖于其他属性，且只要后者发生更改，就将被更新。

随后这些属性通过 data-bind 属性与 UI 绑定：

- 表单的元素使用了 value 绑定。它将元素的值与视图模型中的某个属性相关联。
- 当希望显示表达式属性的文本值时，使用 text 绑定。

HTML 模板和视图模型之间的"粘合"语句是示例中的最后一行代码：ko.applyBindings(new ViewModel());。

Knockout 的学习曲线没有 Angular 陡峭，但功能有限，且开发近期已经放缓。出于这个原因，本书不再详细介绍它。不过，如果需要开发一个比较简单、不需要 Angular 强大功能(和复杂性)的应用程序，笔者建议查看官方网站并阅读教程。

2.2.3 React

另一个值得一提的 JavaScript 框架是 React。React 由 Facebook 公司开发和维护，是一个专用于构建用户界面，而不以负责应用程序的其他功能为目标的 JavaScript 库。React 基于以下概念：由独立组件渲染所需的 HTML、并可选择性地管理组件自身内部状态。一个简单的 React 应用程序如代码清单 2-6 所示。注意代码被分成多个文件。

代码清单 2-6：用 React 开发的简单 Hello 应用程序

Index.html：主 HTML 文件

```
<!doctype html>
<html lang="en">
  <head>
    <title>Hello React!</title>
  </head>
  <body>
    <div id="greet"></div>
  </body>
</html>
```

index.js：应用程序启动文件

```
import React from 'react';
import ReactDOM from 'react-dom';
```

```
import Greeter from './Greeter';

ReactDOM.render(
  <Greeter firstName="Simone" />,
  document.getElementById('greet')

);
```

greeter.js：组件文件

```
import React, { Component } from 'react';

class Greeter extends React.Component {
  constructor(props) {
    super(props);
    this.state = {firstName: props.firstName, lastName: props.
    lastName};

    this.handleFirstNameChange = this.
    handleFirstNameChange.bind(this);
    this.handleLastNameChange = this.
    handleLastNameChange.bind(this);
  }

  handleFirstNameChange(event) {
    this.setState({firstName: event.target.value});
  }

  handleLastNameChange(event) {
    this.setState({lastName: event.target.value});
  }

  render() {
    return (
      <div>
      <form>
        <div>
          <label>
            First name:
            <input type="text" value={this.state.firstName}
            onChange={this.handleFirstNameChange} />
          </label>
        </div>
        <div>
```

```
        <label>
          Last name:
          <input type="text" value={this.state.lastName}
          onChange={this.handleLastNameChange} />
        </label>
      </div>
    </form>
    <hr/>
    <h1>Hello <span>{this.state.firstName} {this.state.
    lastName}</span>!</h1>
    </div>
  );
  }
}

export default Greeter;
```

从代码清单 2-6 的示例可以看出，该代码比 Knockout 代码更复杂，但与 Angular 代码更类似。即使对于例子中这样的小型表单，也需要将代码转换为组件。借助称为 JSX 的、用于简化 HTML 元素输出的"奇怪混合"JavaScript/XML(用于 render 方法)语法的帮助，React 仍然执行直接 DOM 操作(实际上是虚拟 DOM)。

React 使用这种语法，是因为它设计用于处理 Facebook 的动态内容加载，其中数据输入只是交互的一小部分，数百个元素被动态添加到页面中。为最快地完成该操作，需要不通过模板解析和双向绑定步骤，直接操纵 DOM。如果没有这样的应用场景，而只是一个标准的数据绑定 REST 应用程序，可能更适合使用 Angular。

注意

在代码清单 2-6 中，可在两个 JavaScript 文件的开头看到一种"奇怪"的语法: import * from *。这是一种用于定义和导入模块的 ES6 功能。在使用 React 的构建工具时，将利用 Babel 转换器将此语法转换为"标准"JavaScript。

2.2.4　jQuery

最后值得一提的是 jQuery，它或许是最知名和最常用的 JavaScript 库。jQuery 是一个库，简化了对 HTML 元素、DOM 操作、事件处理、动画和 Ajax 调用的选择过程。它使用一种抽象了不同浏览器之间的实现差异的 API 以做到这一点。该库是在 2006 年首次推出的，当时为了解决浏览器之间的差异，重复编写相同的特性是很常见的。

jQuery 不像 Angular、Knockout 和 React 一样，是一个完整的应用程序框架，而只是一个用于帮助开发 HTML 交互界面的实用工具库。基于这个原因，本书不包含更详细的 jQuery 篇章。

注意

解释框架和库之间差异的一种简洁有效的方式是："调用代码的是框架，而代码调用的则是库。"

2.3　CSS 框架

前端开发者和设计人员讨厌为所从事的每个项目"重新发明轮子(即重复基础性工作)"。基于这个原因，直到几年前，网页设计师们都拥有自制的小 CSS 类和 HTML 片段集，重用在自己的所有作品中。2010 年，Twitter 开发团队决定发布自制的 CSS 库供公众使用。后来其他公司和团队也做了同样的事情，但其中只有极少数能与 Bootstrap 相媲美。

下面几节在介绍 Bootstrap 之后，还将介绍 GitHub 的 CSS 框架 Primer、由 Google 开发的较新但颇有前途的 Material Design Lite，此外将介绍 Semantic UI(一个更为面向组件的 CSS 方法框架)。

2.3.1　Bootstrap

最流行的 CSS 框架是最初发布的名为 Twitter Blueprint 的框架。

之所以这样命名，是因为其开发目的是为了保持 Twitter 所开发的各个网站之间的一致性。后来在 2011 年夏天作为一个开源项目发布时，它被重新命名为 Bootstrap。随后它成为 GitHub 上最受欢迎的库，拥有超过 10 万颗星。

Bootstrap 包含一组基于 CSS 和 HTML 的模板，用于美化表单、元素、按钮、导航、排版以及一系列其他 UI 组件。它还附带可选的 JavaScript 插件，以改善组件的交互性。

Bootstrap 是优先面向移动设备的框架，基于一个用于布局屏幕组件的自适应式 12 列网格系统。例如，下例是一个能够自适应设备屏幕大小的网格的代码。

```
<div class="row">
  <div class="col-xs-12 col-sm-6 col-md-8">.col-xs-12 .col-sm-6 .col-md-8</div>
  <div class="col-xs-6 col-md-4">.col-xs-6 .col-md-4</div>
</div>
```

这个自适应网格示例对于不同的尺寸采用不同方式进行显示：

- 在普通桌面上，两个单元格将相邻显示，第一个单元格占用八列，第二个则占用四列(正常大小屏幕的网格行为由以 col-md-开头的类定义)。
- 在智能手机(或称超小/XS 屏幕，由类前缀 col-xs-标识)上，第一个单元格将占用全部宽度，而第二个单元格将新起一行，并使用一半的宽度。
- 在平板电脑(小屏幕，由 col-sm-标识)上，第一个单元格将只使用六列，第二个单元格继承了较小尺寸的定义，因此这两个单元格每个将各占一半的宽度。

如果想知道组件的外观到底如何，只需要查看 Twitter 即可。完全使用 Bootstrap 开发的应用程序的观感就像该著名社交网站一样，如图 2-1 和图 2-2 所示。

图 2-1　Bootstrap 创建的下拉菜单

图 2-2　导航栏

除了标准导航和菜单之外，还有一个有价值的组件称为
Jumbotron，如图 2-3 所示。它非常适合作为头条内容吸引访客的
注意。

图 2-3　Jumbotron

当然，也可以改变风格，用你品牌的颜色构建自己的主题。这
可通过更改 Bootstrap 文件中的某些变量并重新编译 CSS 文件来实
现，或使用官方网站上的 Customize Bootstrap 下载页面来完成。

在此只是对这种强大 CSS 框架的一个简要介绍，第 4 章将更详
细地介绍它。

Bootstrap 并不是唯一的 CSS 框架，因为已经发布了其他许多框
架(很多已经消失)，特别是网格系统。还有其他二个 CSS 框架特别
值得一提，其中第一个是 GitHub 的 Primer CSS。

2.3.2 Primer CSS

GitHub 将其内部设计指南作为一个名为 Primer CSS 的开源项目发布。这个框架的特性不像 Bootstrap 那样完整。例如，尽管有一个网格系统，但它不是自适应的。但是如果你喜欢 GitHub 的 UI 设计方法，这个框架易于使用，并且制作精良。它还包括著名的 octicons 字体图标库。如图 2-4 所示。

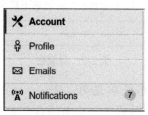

图 2-4 使用 Primer CSS 框架创建的导航栏

有一个有价值的组件称为 blank slate，在内容区域没有显示内容时应当使用它，如图 2-5 所示。

图 2-5 blank slate 组件

由于界面风格很大程度上是一个个人选择，如果你不是 Twitter 或 GitHub 风格的忠实粉丝，那么可能会喜欢 Google 的 Material Design Lite。

2.3.3 Material Design Lite

Material Design Lite(MDL)是由 Google 创建的 CSS 框架，旨在将源质设计(Material Design)理念引入 Web 开发。与 Bootstrap 框架和 Primer CSS 框架不同，Material Design Lite 是 CSS 和 JavaScript 的组合，其中框架中的元素样式和类在运行时由为组件添加额外行

为的 JavaScript 库增强。从图 2-6 和图 2-7 中所示的组件示例中可以看出，该设计与 Android 应用程序的观感非常相似。

图 2-6　使用 MDL 创建的导航

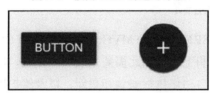

图 2-7　使用 MDL 创建的按钮

官方网站还提供了一些使用 Material Design Lite 构建的网站模板，可作为学习该框架的起点。

2.3.4　Semantic UI

最后一个值得一提的 CSS 框架是 Semantic UI。顾名思义，它给出的 CSS 类名比其他框架给出的更容易理解。例如，要使用主配色设置按钮的样式，可以使用<button class="ui primary button">。

Semantic UI 也有自己的自适应布局，其设计基于 16 列网格：

```
<div class="ui grid">
  <div class="four wide column"></div>
  <div class="four wide column"></div>
  <div class="four wide column"></div>
  <div class="four wide column"></div>
  <div class="two wide column"></div>
  <div class="eight wide column"></div>
  <div class="six wide column"></div>
</div>
```

这种自然语言式的命名只是更深奥、近乎哲学的论证的冰山一角，该论证催生了 Semantic UI，后者的目标是减少编程领域概念和相关的人类认识领域概念之间的技术性障碍。

Sematic UI 附带一个默认主题，但也有一些能够提供 Bootstrap、Primer CSS 和 Material Design 观感的其他主题可用。

除了此处简单的介绍外，本书不再更多赘述 Semantic UI，但如果你对它的方法感兴趣，笔者建议查看相关学习网站：http://learnsemantic.com/。

2.4 包管理器

由于使用 ASP.NET Core MVC 开发现代 Web 应用程序时，需要大量的组件、库和工具，因此需要采取一些措施，以保持所有内容得到良好组织，自动化执行安装和更新，以及维护所有依赖关系。此时使用包管理器可谓是得心应手。包管理器从官方存储库中下载组件和工具，管理所有依赖关系，只需要从源存储库中签出项目的开发环境，即可简单地建立该开发环境的一个本地副本。

本书将介绍以下包管理器：

- **NuGet**，用于管理.NET 库和组件
- **Bower**，用于 JavaScript 和 CSS 框架
- **NPM**，用于工具和服务器端的 JavaScript 库

Bower 专门用于管理客户端的依赖关系，而 NuGet 和 NPM 可用于管理所有依赖关系，这正是本书使用它们的方式。

2.4.1 NuGet

NuGet 是.NET 中的默认包管理器，已被集成到 Visual Studio 的多个版本中。在 ASP.NET Core 中，项目中的所有引用都保存为项目定义文件(.csproj)中的 PackageReference 条目，如代码清单 2-7 所示。所有内容，甚至包括对基础类库的核心库(全部打包在 Microsoft.AspNet.Core.All 元包中)的引用，都是通过 NuGet 包检索的。

代码清单 2-7：WebApplication.csproj

```
<Project Sdk="Microsoft.NET.Sdk.Web">
  <PropertyGroup>
    <TargetFramework>netcoreapp2.0</TargetFramework>
  </PropertyGroup>
  <ItemGroup>
    <PackageReference Include="Microsoft.AspNetCore.All"
    Version="2.0.0" />
    <PackageReference Include="Newtonsoft.Json" Version=
    "10.0.3" />
  </ItemGroup>
  <ItemGroup>
    <DotNetCliToolReference
    Include="Microsoft.VisualStudio.Web.CodeGeneration.Tools"
    Version="2.0.0" />
  </ItemGroup>
</Project>
```

除了手动将它们添加到.csproj 文件外，与以前的版本一样，软件包也可以通过新设计的 Package Manager UI(如图 2-8 所示)或通过包管理器控制台安装：

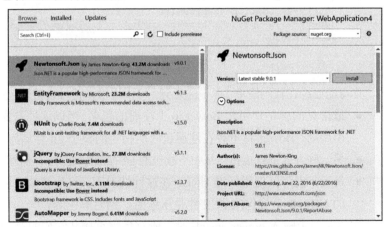

图 2-8　Visual Studio 2017 中的包管理器界面

```
PM> Install Package Newtonsoft.Json
```

如果你在以前版本的 ASP.NET 中使用过 NuGet，则在使用

ASP.NET Core 时需要考虑一个很大的概念差异。使用 ASP.NET Core 时，只有服务器端的依赖关系应通过 NuGet 引用和检索。对于客户端依赖关系，微软决定依靠另一种非常受欢迎的包管理器——Bower，它是专为此目的而设计的。

2.4.2　Bower

Bower 是一种非常简易的工具。与 NuGet 一样，需要在名为 bower.json 的 JSON 文件中指定在项目中引用的包，如代码清单 2-8 所示。

代码清单 2-8：bower.json

```
{
  "name": "asp.net",
  "private": true,
  "dependencies": {
    "bootstrap": "3.3.6",
    "jquery": "2.2.0",
    "jquery-validation": "1.14.0",
    "jquery-validation-unobtrusive": "3.2.6",
    "jquery-file-upload":"https://github.com/blueimp/jQuery
    -File-Upload/"
  }
}
```

你可能已经在代码清单 2-8 中注意到，可以用很多符号来指代包：

- 最常见的就是使用在 Bower.io 上注册的包名。当以这种方式引用时，Bower 将下载在注册包时所指定的整个 git 存储库。
- 另一种方式是直接指定从中下载包的 git 存储库或 svn 存储库。
- 最后，也可以使用标准 URL。在这种情况下，将从存储了包的 URL 处下载包(如果文件是压缩的，则将解压缩)。

在控制台上输入 bower install 时，所有包将直接从它们的存储位置下载并保存在名为 bower_components 的文件夹中。接着 Bower 停止执行。如何使用它们取决于你。可以直接从文件下载后的位置引用它们，或者为保持整个项目整洁，可按推荐方式，将所需文件复制到应用程序的文件夹结构中(记住 Bower 可能下载整个存储资源库)。

2.4.3　NPM

节点包管理器(Node Package Manager，NPM)最初是为了管理 Node.js 服务器端包而开发的，但后来也常用它分发 Node.js 开发的命令行工具。与其他包管理器一样，NPM 下载名为 package.json 的清单文件中指定的包，并将这些包安装到名为 node_modules 的项目子文件夹中。

通常应该在 dependencies 节点中指定包，但在 ASP.NET Core 项目语境中，NPM 将主要用于安装任务运行程序及其插件，因此这种情况下，包声明位于 devDependencies 节点中，如代码清单 2-9 所示。

代码清单 2-9：package.json

```
{
  "name": "app",
  "version": "1.0.0",
  "private": true,
  "devDependencies": {
    "del": "^2.2.2",
    "gulp": "^3.9.1",
    "gulp-concat": "^2.6.1",
    "gulp-cssmin": "^0.1.7",
    "gulp-htmlmin": "^3.0.0",
    "gulp-uglify": "^2.0.0",
    "merge-stream": "^1.0.1"
  }
}
```

2.4.4　文件夹结构

最后一节分别展示所有这些引用和清单文件在 Solution Explorer 窗口以及文件系统中的状态。实质上，每个项目可以有三种类型的依赖关系，这些依赖关系在其相应的清单文件中定义：用于 NuGet 服务器端引用的.csproj，用于 Bower 客户端组件的 bower.json，以及用于构建工具的 package.json。图 2-9 展示了 Solution Explorer 项目树中显示的所有依赖关系。

在底层文件系统中，包存储在各种子文件夹中：Bower 组件存储在 wwwroot/lib(Visual Studio 将它们存储在非默认位置)，NPM 包存储在 node_modules。参见图 2-10。

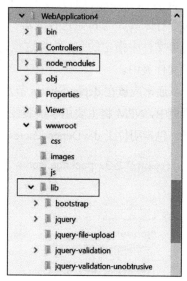

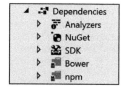

图 2-9　Solution Explorer 中显示的　　图 2-10　文件系统中的依赖关系文件夹
　　　　依赖关系

2.5　任务运行程序

任务运行程序(Task runner)自动完成开发工作流的最后一步：构建和发布应用程序。在服务器端开发领域这并不是什么新鲜事。你可能已经使用 MSBuild 脚本或 NAnt 任务进行自动化构建工作多年，但任务运行程序的概念对于前端开发界，还是相当新颖的。

此刻你可能怀有疑虑，为何应该接受这些"小区里新来的孩子"。这是一个非常合理的疑问。主要原因是为前端开发的任务运行程序是完全与服务器端语言无关(language-agnostic)的。因此,任何人都可以使用它们,从而拥有大得多的用户社区,也就意味着更多就绪的任务。但是,你的经验并非全部都已作废。如第 1 章所述,ASP.NET Core 项目的项目定义仍使用 MSBuild 完成,因此仍可用于构建应用程序。

注意

最近,前端开发社区中的一部分人(以使用基于 Linux 的计算机或 Mac 机的人为主)已完全停止使用任务运行程序,并且转而使用名为 npm 脚本的 npm 特性。这些脚本只用于调用操作系统命令、专为构建应用程序开发的 Node.js 应用程序或所使用框架(类似 Angular 框架或 React 框架)附带的开发工具。

此类工具的主要代表是 gulp。gulp 基于代码,依赖于超小型的、互相连接的插件,而不是独立的、依次执行的任务。如果这些概念听起来有点模糊难懂,代码清单 2-10 应该有助于澄清理解。

代码清单 2-10:gulp 配置文件示例

```
var gulp = require('gulp');
var jshint = require('gulp-jshint');
var concat = require('gulp-concat');
var minifyCss = require('gulp-minify-css');

gulp.task('default', function(done){
  gulp.src('src/**/*.js')
    .pipe(jshint())
    .pipe(concat('bundle.js'))
    .pipe(gulp.dest('dist '))
    .on('end', done);
});

gulp.watch('src/**/*.js', ['default']);
```

这些只是代码。任务首先使用 gulp.src()说明必须处理哪些源文

件。接着使用 pipe()函数将操作依次插接到另一个中，最后使用
gulp.dest()函数保存生成的文件。

这只是对 gulp 的一个简要介绍，在第 6 章中有更详细的描述。

2.6 本章小结

微软技术堆栈中的现代 Web 开发工具不再只是 C#和 ASP.NET。
它是通过混合使用不同的工具和框架实现的，每种工具和框架都
使用最适合其目的的语言开发。这种附加组件的扩散增加了选用
它们的复杂性。由于其中一些组件的易变和短命，这种选择变得
愈加困难。后续章节将详细介绍其中最受欢迎的工具：Angular 和
Bootstrap CSS。

第 **3** 章

Angular 简析

本章主要内容：

- 理解 Angular 的基本概念
- 开发一个 Angular 应用程序
- 结合 ASP.NET MVC Core v1 使用 AngularJS
- 探索 Visual Studio 2017 对 Angular 的支持

前一章介绍了用于前端开发的所有框架，其中就包含 Angular。

本章深入探讨 Angular，从其基本概念开始，逐步延伸到更前沿的话题。本章第一部分只涉及纯粹的客户端 JavaScript，仅需要一个简易的文本编辑器即可使用它。本章的第二部分将展示 Visual Studio 2017 中可用的新集成环境以及如何在 ASP.NET Core 应用程序中集成 Angular。

在讨论技术细节之前，笔者需要强调的是 Angular 并不是"万能药"。Angular 在开发 CRUD 应用程序时极具优势，但在需要处理繁重的 DOM 操作或者复杂的图形用户界面的情况下则并非最佳选择。本书之所以选择 Angular 作为框架，是因为绝大多数利用 ASP.NET MVC(或任意服务器端技术)所开发的 Web 应用程序都更多地涉及数据密集型操作而较少涉及复杂图形用户界面。

本章代码下载

本章的相关代码可通过网站 www.wrox.com 下载。搜索该书的 ISBN(978-1-119-18131-6)，可在第 3 章的下载部分找到对应代码。

3.1 Angular 的基本概念

Angular 是由 Google 与开源社区共同开发并维护的网络应用程序框架。它具备很多功能特征，比如双向数据绑定、模板、路由、组件、依赖注入等。遗憾的是，与同类型的其他所有框架类似，学习并使用它的门槛较高，必须掌握了一些基本概念，才能熟练地应用它。以下罗列了 Angular 中最重要的基本概念：

- **模块**：将诸如组件、指令、服务等隶属一体的功能模块聚集在一起的容器。

- **组件**：定义屏幕某部分的行为。

- **模板**：定义如何呈现组件视图的 HTML 文件。

- **数据绑定**：连接某一组件与其模板并允许数据与事件在其间传递的处理过程。

- **指令(Directive)**：增强 HTML 语法的用户自定义特性，用于为页面上的特定元素增加行为。

- **服务**：独立于视图的可重用功能模块。

- **依赖注入**：为类(其他服务或组件)提供依赖关系(大多数情况下是服务)的方法。
- **元数据**：指示 Angular 如何处理类，本身是不是组件、模块、指令，需要注入哪个服务等。

这些术语目前听起来可能很抽象，但在本章接下来的内容里，通过开发一个简单的单页面应用程序并应用这些概念，它们的含义将逐渐明朗。

Angular 与 AngularJS 对比

你极有可能已经使用过或是至少听说过 AngularJS 1.x。尽管名称相似，本章所讲解的 Angular 是一个使用不同方法、从零开始开发的全新框架。之前的"旧"AngularJS 1.x.是一个模型视图控制器(Model View Controller，MVC)框架，而 Angular 是一个面向组件的框架。

如果你熟悉 AngularJS，也并不是毫无益处。它的很多概念仍然是相关的，所以学习 Angular 将不是一件难事。

这两者的版本编号是完全不同的。Angular 采用语义版本控制，所以每个重要的新特性或重大改变都将导致一个新的主版本编号，这与 Node.js 以及 Chrome 的编号方式类似。它的第一个版本，即 2.0 版本，是在 2016 年 9 月发布的。最新的长期支持(LTS)版本，即 4.0 版本，是在 2017 年 3 月末发布的。而最新的稳定版本，即 5.0 版本，是在 2017 年 10 月末发布的。另一方面，自 AngularJS 第一次发布以来的七年里，其版本已从 1.0 升至 1.6。

此外，它们的官方网站也是不同的。如图 3-1 所示，不同于 angularjs.org，Angular 的官方网站是 angular.io。

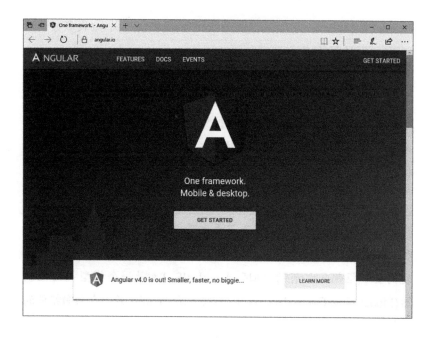

图 3-1 Angular 官方网站

3.2 Angular 的实现语言

本节的标题可能看起来很奇怪：既然 Angular 是一个 JavaScript 框架，难道它不是用 JavaScript 编写的吗？对这个问题的回答既可以是"是"，也可以是"否"。

Angular 所采用的面向组件的模块化方法需要利用仅被 ES6 支持的语言特性。相同的功能也可以利用被大多数浏览器 (ECMAScript 5 或 ES5)所支持的"标准" JavaScript 来实现，但要以更复杂与冗长的代码作为代价。

为避免复杂度，同时考虑到向 ES5 转码无论如何都是必需的，Angular 开发团队决定选择 TypeScript 作为开发语言。它包含了支持框架模块化所需的 ES6 的特性，但也增加了强类型检验(如第 2

章所述)。

　　开发者可以使用 JavaScript 三种版本(最广泛支持的 JavaScript 版本 ES5、仅被最新浏览器支持的 JavaScript 版本 ES6 或者 TypeScript)中的任意一种，每个版本都各有优劣。本书将遵循 Angular 开发团队的建议，使用 TypeScript。

3.3　建立一个 Angular 项目

　　编写 Angular 应用程序的方法有很多，可使用在线编辑器、利用快速入门示例或使用 Angular-CLI 工具。

3.3.1　使用在线编辑器

　　建立一个 Angular 项目的最简单方法是使用类似于 Plunker (https://plnkr.co)的在线网络编辑工具，如图 3-2 所示。它允许开发者直接在浏览器内编写代码，从而避免建立从 TypeScript 到 JavaScript 的转码过程以及对所有文件进行多样化捆绑的额外开销。

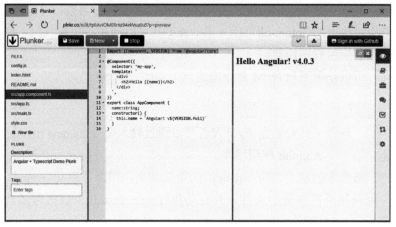

图 3-2　Plunker 中显示的代码

由于开发者无法通过这类网站部署应用，很显然这种方式仅适用于编写演示程序或者实践并尝试理解其运行机理的情况。这类网站也支持在浏览器上进行转码，但当"演示程序"的代码量很大时执行速度将很慢。

3.3.2 利用快速入门示例

建立 Angular 项目的另一种方式是将快速入门示例从 Angular 开发团队的 GitHub 资源库(https://github.com/angular/quickstart)克隆到开发者的本地机器上。开发者仅需要按照 README 文件中的指示说明进行操作。下载的文件包括 package.json 文件、Angular 所需的依赖关系文件以及生成和运行示例应用程序需要的所有脚本文件。一旦通过 npm start 指令启动应用程序，开发者可以增添或编辑文件，同时浏览器将会自动刷新并显示更新后的结果。

3.3.3 使用 Angular-CLI 工具

建立 Angular 项目的最后一种方法，同时也是本章所使用的方法，就是使用 Angular-CLI 工具，该工具以命令行作为接口。与第 1 章中讨论过的 dotnet-cli 工具一样，该工具可以创建与快速入门示例类似的应用程序构架。

可以使用下列 NPM 命令安装该工具：

```
npm install -g @angular/cli
```

一旦该工具安装完毕，开发者可以通过输入命令 ng new my-app 建立第一个 Angular 应用程序。

该命令创建了名为 my-app 的新文件夹，增添了启动 Angular 应用程序所需的最少文件，并自动执行 npm install 下载所有依赖关系。

完成上一步后，进入 my-app 文件夹(cd my-app)，并输入命令 ng serve --open，便可在默认浏览器中运行该应用(见图 3-3)。

图 3-3　由 Angular-CLI 生成的默认应用程序

关于 Angular-CLI 工具的更多信息

Angular 命令行接口工具具备其他许多有用的特性，这些特性可简化 Angular 应用程序的开发过程。除了能够提供客户端应用程序的构架之外，它预先提供了利用 Karma 运行器执行单元测试的程序构架，以及利用 Protractor 执行端对端测试的程序构架。它还提供了额外的指令用于执行测试、执行源代码分析、生成应用的可部署版本，以及生成新组件、服务与类。所有这些其他特性都超出了本书的范畴，你可通过在 https://cli.angular.io 网站阅读官方文档自行了解更多信息。

3.4　Angular 应用程序结构

下面利用通过命令行工具生成的简单应用程序构架示例，来分析 Angular 应用程序(在文件夹/src 内)的基本组件组成与结构。

3.4.1　应用程序入口

该示例与其他任何 Angular 应用程序的入口都是 main.ts 文件(见代码清单 3-1)。入口的作用是编译应用程序并引导其根模块(AppModule)。

代码清单 3-1：示例应用程序的入口(main.ts)

```
import './polyfills.ts';

import { platformBrowserDynamic } from '@angular/platform-
    browser-dynamic';
import { enableProdMode } from '@angular/core';
import { environment } from './environments/environment' ;
import { AppModule } from './app/app.module';

if (environment.production) {
  enableProdMode();
}

platformBrowserDynamic().bootstrapModule(AppModule);
```

3.4.2 根模块

接着要分析的文件位于 app 文件夹中，它定义了应用程序的根模块，即 app.module.ts。

代码清单 3-2 所展示的结构并不局限于根模块，它也代表了其他任意 Angular 模块的结构。

代码清单 3-2：根模块(app/app.module.ts)

```
import { BrowserModule } from '@angular/platform-browser';
import { NgModule } from '@angular/core';
import { FormsModule } from '@angular/forms';
import { HttpModule } from '@angular/http';

import { AppComponent } from './app.component';

@NgModule({
  declarations: [
    AppComponent
  ],
  imports: [
    BrowserModule,
    FormsModule,
    HttpModule
  ],
  providers: [],
  bootstrap: [AppComponent]
})
```

```
export class AppModule { }
```

该文件一开始便通过 import 语句导入了在当前类中引用的所有 JavaScript 类。在该示例中，存在三个几乎会被所有应用程序使用的 Angular 模块(BrowserModule、FormsModule 与 HttpModule)、一个用于定义应用程序根模块的装饰器(NgModule)以及一个组件(AppComponent)。

接下来是模块的实际定义，由@NgModule 装饰器所修饰的 AppModule 类包含了四个数组：

- 第一个数组是 declarations 数组，它包含所有属于该模块的组件。在本示例中仅存在一个组件，但随着应用程序不断改进演化，更多组件将会被添加进来。
- 接下来的 imports 数组包含将在本模块内部使用的所有 Angular 模块。这既包括结构模块，也包括随着应用程序改进而引入的自定义特性模块。该示例添加了用于处理与浏览器的交互、处理 HTML 表格、执行 HTTP 请求的模块。
- 第三个数组是名为 providers 的空数组。它之所以是空数组是因为该应用程序当前不使用任何服务，但一旦开始创建它们，则需要在该数组内定义它们。
- 最后的 bootstrap 数组包含在应用程序引导过程中必须创建的组件。在该示例中即为 AppComponent。

注释

装饰器是 TypeScript 的一个特性，可用于为某个类添加元数据信息。Angular 中存在许多用于指示某个类表征何种 Angular 元素的装饰器。在这里利用@NgModule 来识别 Angular 模块，但还可以利用@Component 来识别组件，或使用@Injectable 来识别可通过依赖注入完成注入的服务以及其他模块。

3.4.3 根组件

最后需要介绍的部分是根组件 AppComponent，它定义在 app/app.component.ts 文件中(如代码清单 3-3 所示)。

代码清单 3-3：根组件(app/app.component.ts)

```
import { Component } from '@angular/core';

@Component({
  selector: 'app-root',
  templateUrl: './app.component.html',
  styleUrls: ['./app.component.css']
})
export class AppComponent {
  title = 'app works!';
}
```

定义根组件或其他组件的方法与定义根模块的方法类似。定义根组件，需要使用装饰器(这次要使用@Component)，还需要指明将在 HTML 中使用的用于包含该组件的 selector、组件视图的 URL(利用 templateUrl 属性指定)，以及该视图的特定样式(利用 styleUrls 属性指定)。

与模块不同，由于组件具备行为，因此它的类必须做出适当的处理，例如在本示例中设置 title 属性的值。本示例中组件的视图非常简单，仅显示了 h1 标记内的 title 属性(如代码清单 3-4 所示)。

代码清单 3-4：根组件的模板(app/app.component.html)

```
<h1>
  {{title}}
</h1>
```

当模板很简单时，为避免创建仅包含一行代码的 HTML 文件，装饰器@Component 提供了一个名为 template 的额外属性，可指定模板的完整标记以替代其 URL。如果两者均被指定，则应使用如下内联标记：

```
template: `<h1> {{title}} </h1>`
```

内联标记也能以跨越多行的多行字符串形式来指定，并将其包裹在反单引号(`)之内。需要注意，这里用到的反单引号(`)并不是单引号(')，前者是在 ECMAScript 2015(ES6)中引入的符号，用于允许跨越多行录入字符串，以使 HTML 的可读性更好。

提示

尽管反单引号(`)对于普通用户来说很罕见，但对于应用程序开发者来说应该多少是有些熟悉的，因为在诸如 StackOverflow 等多样化的在线编程论坛上书写评论或者在 GitHub 上发表问题时，正是该字符使得符合 markdown 标记语言标准(markdown 是一种可以使用普通文本编辑器编写的标记语言，通过简单的标记语法，它可以使普通文本内容具有一定的格式)的字符串被排版为代码。在 US(美式)键盘布局中，它位于键盘的左上角。但在其他键盘布局(如意大利式布局)中，该字符并不存在，因而必须在数字键盘上使用它的 ASCII 码 AltGr+96 来输入。

3.4.4　主 HTML 页面

启动引导过程的真实应用程序入口是主 index.html 页面(如代码清单 3-5 所示)。

代码清单 3-5：index.html

```
<!doctype html>
<html>
<head>
  <meta charset="utf-8">
  <title>MyApp</title>
  <base href="/">

  <meta name="viewport" content="width=device-width,
  initial-scale=1">
  <link rel="icon" type="image/x-icon" href="favicon.ico">
</head>
<body>
```

```
<app-root>Loading...</app-root>
</body>
</html>
```

如上所示，<app-root>标记与根组件中 selector 属性所指定的值相匹配。引导过程将在此处注入由根组件呈现的视图。在本示例中，视图仅是<h1>app works!</h1>，但稍后你将看到，它也可以是很复杂的。

3.5 数据绑定

到目前为止，本章简要说明了八个 Angular 基本概念中的四个，即模型、组件、模板与元数据。代码清单 3-5 也展示了一个非常简单的数据绑定的示例，用于呈现模板内一个组件的模型属性。

数据绑定是在组件与浏览器内呈现的视图之间来回传递数据的过程。Angular 中共有四种数据绑定类型：

- 第一种是插值(interpolation)，它从组件向浏览器发送数据，并将其作为一个 HTML 标记的内容进行呈现。
- 第二种是单向绑定，它仍然从组件向浏览器发送数据，但将其赋予一个 HTML 元素的特性(attribute)或属性(property)。
- 接下来是事件绑定，它从浏览器向组件发送数据。
- 最后一种是双向绑定，它使得组件的一个属性与浏览器中一个输入元素所呈现的内容保持同步。

接下来逐一对其进行说明。

3.5.1 插值

如果开发者想做的仅是像呈现一个 HTML 元素的内容那样呈现浏览器内组件的模型的属性值，实现数据绑定的最简便方法就是插值。它是通过将欲呈现的表达式放入双重大括号{{…}}来实现的。其内容可以仅是组件属性的名称或是诸如字符串连接的 JavaScript

表达式。代码清单 3-6 给出了这两种情况的示例。

```
<h1>{{title}}</h1>

<p>{{"Hello" + " " + "reader"}}!</p>
```

警告

虽然技术上可行，但最好避免在模板内使用表达式，而是仅使用属性名。为较好地分割关注点，向模板传值之前，应当由组件来实现连接或者其他类型的表达式。

3.5.2　单向绑定

假如不必像显示元素内容那样显示一个属性，而是需要将其传送给一个 HTML 元素的特性，那么需要使用一种更显式的语法来实现单向绑定。这是通过将特性名放入中括号中[…]并像对待一个静态值一样使用属性名赋值来实现的。

例如，可采用如下方式设置输入元素的值：

```
<input type="text" [value]="title" />
```

但该操作并不局限于元素的特性，也可以设置样式属性：

```
<h1 [style.color]="color" >This is red</h1>
```

利用上面这行代码，如果组件的 color 属性的值为 red，那么该标题将显示为红色。

实际上，任何 HTML 元素的任一属性均能通过这种单向绑定方法进行设置。例如，除了通过插值这一方法之外，也可以通过设置标题的 innerText 属性的值来设置它的内容：

```
<h1 [innerText]="title"></h1>
```

3.5.3　事件绑定

为从模板向组件发送数据(或者触发事件)，我们采用一种类似的方案。在此将任一有效的 HTML 事件的名称放入小括号中(…)，并将其赋予组件的一个方法。代码清单 3-7 展示了一个切换标题颜色的事件的示例，该事件被包含在一个带有内联模板的组件中。

代码清单 3-7：事件绑定(app/app.component.ts)

```
import { Component } from '@angular/core';

@Component({
  selector: 'app-root',
  template: `<h1 [style.color]="color">{{title}}</h1>
  <button (click)="setColor()">Change Color</button>`
})
export class AppComponent {
  title = 'app works!';
  color = "";

  setColor(){
    if(this.color==="")
      this.color="red";
    else
      this.color="";
  }
}
```

对比单向/事件绑定与 AngularJS

如果你曾用过 AngularJS，那么可能已经注意到诸如 ng-style、ng-src 等 ng-*形式的所有指令均没有被使用。现在，把名称放入中括号内就足以解决问题了。这一点也同样适用于事件。不必再使用 AngularJS 的 ng-click 事件。可以在小括号内使用任意事件。这意味着开发团队需要维护的代码更短了，代码中可能出现的错误更少了，用户使用起来更便捷了。

3.5.4　双向绑定

最后要介绍的是所有绑定方式中功能最强大、能够在模板与组件的模型之间保持同步的双向绑定。这是通过新的语法[(ngModel)]来实现的。开发者仅需要对欲绑定的输入元素使用这一指令，模型的任何更改都将自动反映在视图中，同时输入域的任意变化都会更新组件的属性。代码清单 3-8 展示了一个双向数据绑定示例。

代码清单 3-8：双向绑定(app/app.component.ts)

```
import { Component } from '@angular/core';

@Component({
  selector: 'app-root',
  template: `
<h1>{{title}}</h1>
<input type="text" [(ngModel)]="title" />
`
})
export class AppComponent {
  title = 'app works!';
}
```

这种标记法第一眼看上去有点奇怪，但经过一段时间之后便能领悟其深意。它实际上是一个位于单向绑定内部的事件绑定，因为从组件获得的模型又被发送回去。这种标记法被形容为“盒子中的足球”或是“盒子中的香蕉”(这种比喻有助于开发者记住小括号是位于中括号内的)。

3.6　指令

Angular 支持两种类型的指令：结构指令和特性指令。结构指令通过添加或删除 DOM 元素来修改页面的布局。特性指令改变现有元素的外观。

NgIf 与 NgSwitch 都是内置的结构指令，而 NgModel、NgStyle 与 NgClass 都是内置的特性指令。

下面看看如何使用 ngFor 指令来重复处理一个对象数组：

```
<ul>
  <li *ngFor="let item of array">{{item.property}}</li>
</ul>
```

对于数组的每一项，Angular 将复制使用*ngFor 指令的 HTML
(在上面的示例片段中即为<li>元素)。一旦数组中加入了新对象，该
指令将自动在 DOM 中添加该 HTML 元素的拷贝，而当移除一个对
象时，相应元素也将从 DOM 中移除。

代码清单 3-9 展示了如何应用*ngFor 指令显示在夏威夷科纳举
办的 2016 年世界铁人赛中前五强的信息。在<li>元素中，圆点标记
用于访问重复项的属性。

代码清单 3-9：使用*ngFor 指令来显示一个对象数组

```
import { Component } from '@angular/core';

@Component({
  selector: 'app-root',
  template: `
  <h1>Kona Ironman Top 5 men</h1>
  <ol>
    <li *ngFor="let athlete of athletes">{{athlete.name}}
({{athlete.country}}): {{athlete.time}}</li>
  </ol>
  `
})
export class AppComponent {
athletes = [
    {name:"Jan Frodeno", country: "DEU", time: "08:06:30"},
    {name:"Sebastian Kienle", country: "DEU", time: "08:10:02"},
    {name:"Patrick Lange", country: "DEU", time: "08:11:14"},
    {name:"Ben Hoffman", country: "USA", time: "08:13:00"},
    {name:"Andi Boecherer", country: "DEU", time: "08:13:25"}
  ];
}
```

3.7 服务与依赖注入

Angular 还有两个更重要的基本概念，这两者总是联系紧密，它

们是服务与依赖注入。

在代码清单 3-9 中，将运动员列表"硬编码"在组件的声明中。然而，这个示例不具有现实意义(甚至不具备良好的实用性)。通常这样的数据项列表是通过外部数据源获取的，就像调用一个 HTTP 服务那样。在介绍与外部数据源的依赖关系前，首先需要建立一个外部服务，该服务负责获取运动员列表，并使用依赖注入将其传送给组件。

首先，必须创建服务的类。这个类也没什么特别的。它仅是一个普通的 TypeScript 类，包含了用于返回所需数据的方法。唯一特别的是，由于需要通过依赖注入来实现注入，它必须由@Injectable()装饰器来装饰(如代码清单 3-10 所示)。

代码清单 3-10：运动员信息服务类(app/athlete.service.ts)

```
import { Injectable } from '@angular/core';

@Injectable()
export class AthleteService {
  getAthletes(){
    return [
    {name:"Jan Frodeno", country: "DEU", time: "08:06:30"},
    {name:"Sebastian Kienle", country: "DEU", time: "08:10:02"},
    {name:"Patrick Lange", country: "DEU", time: "08:11:14"},
    {name:"Ben Hoffman", country: "USA", time: "08:13:00"},
    {name:"Andi Boecherer", country: "DEU", time: "08:13:25"}
    ];
  }
}
```

可对组件进行重构，以调用服务类中的 getAthletes 方法，该方法以构造函数参数的形式被注入(如代码清单 3-11 所示)。

代码清单 3-11：重构后的应用程序组件(app/app.component.ts)

```
import { Component } from '@angular/core';
import { AthleteService } from './athlete.service';

@Component({
```

```
  selector: 'app-root',
  templateUrl: 'app.component.html',
  providers: [AthleteService]
})
export class AppComponent {
  athletes: Array<any>;

  constructor(private athleteService: AthleteService){
    this.athletes=athleteService.getAthletes();
  }
}
```

代码清单中的加粗内容是对该组件类的主要改动，目的是为了激活注入：

- 构造函数声明一个 AthleteService 类型的参数。
- 装饰器增加一个额外参数 providers，它包含能被注入的类的列表。
- 显而易见，为能被使用，类需要事先导入。

如果需要在更多组件中使用一个服务，那么最好在 NgModule 的 providers 数组中对这个服务进行注册。

至此，本章已经讲解了 Angular 的主要概念。在转而讨论如何在 ASP.NET Core 应用程序中集成 Angular 前，下面几节将展示 Angular 的其他一些特性，例如组件的层次结构、HTTP 与数组操作以及表单验证。

注意

如果使用过 AngularJS v1，那么可能已经注意到，使用 Angular 来开发服务比 AngularJS 更简单。所有的 factory、provider、service、constant 等都被合并为一类服务，即一个普通的 TypeScript 类。

3.8 多重组件

到目前为止，我们仅使用了应用程序的根组件，但在更复杂的应用程序中通常并非如此。更复杂的应用程序常具有更多能包含其他组件的嵌套组件。而将应用程序分割成多重组件的方式又带来了管理组件间通信的需求。本节将基于代码清单 3-11 中所展示的应用程序讨论这方面的内容。

目前，根组件 AppComponent 作为唯一的组件，完成了所有功能。它呈现标题、连接服务、显示列表并且显示各项的内容细节。为使其更加模块化，一个更好的实现方案将使用下列组件：

- AppComponent 仅负责呈现应用程序标题，并包含 AthleteList Component。
- AthleteListComponent 连接服务，并列出 AthleteComponents。
- AthleteComponent 显示运动员的详细信息。

手动添加文件费时又容易出错，为了简化这一任务并减少重复工作，可以使用 Angular CLI 工具。

在应用程序所在的文件夹下，在命令提示符中输入 ng generate component AthleteList 时，工具将创建一个新文件夹，并在其中添加名为 athlete-list.component.ts 的新组件(以及该组件需要的其他所有文件)。它也会更新根模块 AppModule，在模块所使用的组件的 declarations 列表中包含这个新创建的组件。

现在可以开始将获取并显示运动员列表的代码逻辑从根组件迁移至 AthleteListComponent。

代码清单 3-12 与代码清单 3-13 展示了 AthleteListComponent 组件与根组件这两个需要被更改的组件的新代码。为简洁起见，标记没有分布于多个分离的文件中，而以内联形式呈现。

代码清单 3-12：需要被更改的 AthleteListComponent 的代码(app/athlete -list/athlete-list.component.ts)

```
import { Component } from '@angular/core';
import { AthleteService } from '../athlete.service';

@Component({
  selector: 'app-athlete-list',
```

```
    template: `
    <ol>
      <li *ngFor="let athlete of athletes">{{athlete.name}}
({{athlete.country}}): {{athlete.time}}</li>
    </ol>
    `,
  })
  export class AthleteListComponent {

    athletes: Array<any>;

    constructor(private athleteService: AthleteService){
      this.athletes=athleteService.getAthletes();
    }

  }
```

代码清单 3-12 包含了原本位于根组件中的完全一样的代码，但使用了不同的选择器 app-athlete-list。它是根组件用于引用 AthleteListComponent 的"标记"。

代码清单 3-13：根组件的代码(app/app.component.ts)

```
  import { Component } from '@angular/core';

  @Component({
    selector: 'app-root',
    template: `<h1>Kona Ironman Top 5 men</h1>
    <app-athlete-list>Loading athlete list...</app-athlete-list>`
  })
  export class AppComponent {
  }
```

现在的代码变得更简洁，根组件并不包含实际代码，而仅在其模板中引用了新创建的控制器。此刻，应用程序的执行效果毫无变化，但每个组件有各自的任务，更好地实现了关注点的分离。但我们还可以更进一步，使显示运动员细节的标记与代码逻辑位于各自的组件中。

与之前一样，利用 Angular CLI 工具，创建一个新组件，将其命名为 AthleteComponent。

　　Angular CLI 工具之前在它自己的文件夹下创建了组件以及与样式、视图及测试相关的多个独立文件。这是官方样式指南所推荐的最佳实现方式。但对于像本章示例这样的较小应用程序，可将所有标记与样式内联，并将文件置于根文件夹中。为了利用 Angular CLI 工具实现这一点，开发者需要在创建组件时指定一些参数：

```
ng g component Athlete --flat=true --inline-template=true
--inline-style=true --spec=false
```

　　现在，AthleteListComponent 不再呈现列表中运动员的名字与国籍，而仅使用选择器 app-athlete 引用新组件 AthleteComponent 的内容，如下所示：

```
<li *ngFor="let athlete of athletes"><app-athlete></app-
athlete></li>
```

　　但是还存在一个问题。开发者如何告知子组件显示哪个运动员的信息呢？

3.9　输入与输出属性

　　为解决向子组件传递运动员信息的问题，组件必须声明一个输入属性。这是通过在公开该属性的组件中使用@Input 指令来实现的。与任何其他 HTML 属性一样，可在视图中通过单向绑定设置该属性：

```
<app-athlete [athlete]="athlete"></app-athlete>
```

　　正如代码清单 3-10 与代码清单 3-11 所示，运动员列表是一个匿名对象的列表(与任意标准的 JavaScript 类似)。这是有效的，但它并没有利用 TypeScript 强类型的特性。

　　接下来，可以手工或者再一次使用 CLI 工具创建 model 类，用于保存数据(代码清单 3-14)。

代码清单 3-14：Athlete.ts(app/athlete.ts)

```
export class Athlete {
  name: string;
  country: string;
  time: string;
}
```

此后，AthleteComponent 组件的代码将如代码清单 3-15 所示。

代码清单 3-15：AthleteComponent 的代码(app/athlete.component.ts)

```
import { Component, Input } from '@angular/core';
import { Athlete } from './Athlete';

@Component({
  selector: 'app-athlete',
  template: `{{athlete.name}} ({{athlete.country}}): {{athlete.
  time}}`
})
export class AthleteComponent {
  @Input() athlete: Athlete;
  constructor() { }
}
```

请注意利用@Input 对在组件之外公开的属性的名称与类型进行定义的方式。

同样，AthleteListComponent 也发生了变化，如代码清单 3-16 所示。

代码清单 3-16：发生了变化的 AthleteListComponent 的代码
(app/athlete-list.component.ts)

```
import { Component } from '@angular/core';
import { AthleteService } from './athlete.service';
import { Athlete } from "./athlete";

@Component({
  selector: 'app-athlete-list',
  template: `
  <ol>
    <li *ngFor="let athlete of athletes">
```

```
    <app-athlete [athlete]="athlete">
    </app-athlete></li>
  </ol>
  `,
})
export class AthleteListComponent {
  athletes: Array<Athlete>;
  constructor(private athleteService: AthleteService){
    this.athletes=athleteService.getAthletes();
  }
}
```

假如存在一个@Input 指令，那么必然也存在一个@Output 指令。
@Output 指令用于公开可在组件内部触发的事件。

下面使用@Output 指令来说明如何告知根组件某用户单击了一个运动员，并令其显示关于该运动员比赛的详尽视图。

为实现该功能，AthleteListComponent 组件必须和单击运动员这一事件相绑定，同时必须触发与单击相对应的处理程序中的自定义事件。代码清单 3-17 突出标识了为实现这一目的而新增的代码行。

代码清单 3-17：AthleteListComponent 更新后的代码(app/athlete-list.
component.ts)

```
import { Component, Output, EventEmitter } from '@angular/core';
import { AthleteService } from './athlete.service';
import { Athlete } from "./athlete";

@Component({
  selector: 'app-athlete-list',
  template: `
  <ol>
    <li *ngFor="let athlete of athletes">
      <app-athlete (click)="select(athlete)" [athlete]="athlete">
    </app-athlete></li>
  </ol>
  `,
})
```

```
export class AthleteListComponent {
  athletes: Array<Athlete>;
  @Output() selected = new EventEmitter<Athlete>();

  constructor(private athleteService: AthleteService){
    this.athletes=athleteService.getAthletes();
  }

  select(selectedAthlete: Athlete){
    this.selected.emit(selectedAthlete);
  }
}
```

作为父组件的根组件 AppComponent 监听所选定的事件，并像对待其他事件一样对其进行处理。代码清单 3-18 展示了所做的更改。

代码清单 3-18：AppComponent 更新的代码(app/app.component.ts)

```
import { Component } from '@angular/core';
import { Athlete } from "app/Athlete";

@Component({
  selector: 'app-root',
  template: `<h1>Kona Ironman Top 5 men</h1>
  <app-athlete-list (selected)=showDetails($event)>Loading
  athlete list...</app-athlete-list>
  You selected: {{selectedAthlete}}`
})
export class AppComponent {
  selectedAthlete: string;

  constructor (){
    this.selectedAthlete="none";
  }

  showDetails(selectedAthlete: Athlete) {
    this.selectedAthlete=selectedAthlete.name;
  }
}
```

$event 变量引用了保存着被选中运动员信息的事件参数。
运动员的姓名最终显示于屏幕底部(如图 3-4 所示)。

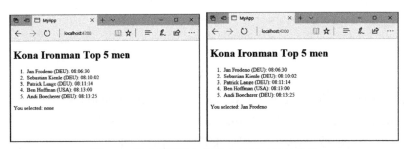

图 3-4　运动员列表与被选中的运动员的信息

3.10　与后端程序交互

所有的主要概念都已经解释完了，你也已经看到了如何通过多重组件来更好地设计应用程序的结构。然而，数据目前都是硬编码的数值，而不是来自于服务器的真实 REST API。本节是转向探讨利用 ASP.NET Core 与 Visual Studio 2017 实现集成之前的最后一节，你将学到如何使用 Http 模块与反射扩展(RxJS)来连接远程信息源。

通过使用嵌套组件与服务，用于获取运动员列表的代码逻辑全部位于 AthleteService 类。无论是一个静态.json 文件还是以 JSON 格式返回数据的网页服务，为从这样的 JSON 端点获取数据，该类是唯一需要修改的类。在本节中，我们使用.json 文件(见代码清单 3-19)，稍后还将使用一个利用 ASP.NET Core MVC 所实现的 Web API。

代码清单 3-19：Athletes.json 文件

```
{
  "data": [
    {"name":"Jan Frodeno", "country": "DEU", "time": "08:06:30"},
    {"name":"Sebastian Kienle", "country": "DEU", "time":
    "08:10:02"},
    {"name":"Patrick Lange", "country": "DEU", "time":
    "08:11:14"},
    {"name":"Ben Hoffman", "country": "USA", "time": "08:13:00"},
    {"name":"Andi Boecherer", "country": "DEU", "time":
```

```
    "08:13:25"}
  ]
}
```

为使用 Http 模块，必须告知应用程序从哪里找到它。这是通过在 AppModule 根组件的@NgModule 注解内的 imports 属性中导入 HttpModule 来实现的。由 Angular CLI 工具所生成的代码(见代码清单 3-2)已经被配置好了，但如果开发者手动创建了应用程序，还需要手动完成这一操作。

3.10.1　使用 Http 模块

现在可以在服务类内使用 Http 模块来获取 JSON 文件中可用的数据了。代码清单 3-20 展示了运动员信息服务所对应的完整代码。

代码清单 3-20：使用 http 实现运动员信息服务(app/athlete.service.ts)

```
import { Injectable } from '@angular/core';
import { Athlete } from './Athlete';
import { Http, Response } from "@angular/http";
import 'rxjs/add/operator/map';

@Injectable()
export class AthleteService {
  constructor(private http: Http){}

  getAthletes(){
    return this.http.get('api/athletes.json')
      .map((r: Response)=><Athlete[]>r.json().data);
  }
}
```

实现具体功能的核心代码是 http.get 方法，它经由 HTTP 连接至一个指定的 URL 并返回一个 RxJS Observable 对象。接着它使用 Observable 对象的 map 方法在数据被发送回组件之前对数据进行修改。在本示例中，它返回 JSON 文件的 data 属性并将其转换为一个 Athlete 对象的数组。

为使其成功运行，与处理其他任意模块或服务一样，首先需要

使用构造函数注入 Http 模块。为使应用程序能正确编译，Http 与
Response 对象以及 map 方法都需要被导入。最后的这些导入步骤之
所以必要，是因为 JavaScript 的反射扩展是一个庞大的库，所以最
好仅导入那些实际使用的部分。

3.10.2 处理 RxJS Observable

在运行示例前，还需要做一个改动。在使用硬编码得到的数据
时，服务中的方法直接返回由数据项构成的数组。当使用 Http 模块
时，方法所返回的 RxJS Observable 无法直接被*ngFor 处理。

处理 Observable 的方法有几种，包括订阅 Observable、使用
async(异步)管道或使用承诺。

1. 订阅 Observable

处理 Observable 的第一种可选方式是订阅它。

```
export class AthleteListComponent {
  athletes: Array<Athlete>;
  constructor(private athleteService: AthleteService){  }

  getAthletes() {
    this.athleteService.getAthletes()
      .subscribe(
       athletes => this.athletes = athletes
      );
  }

  ngOnInit(){this.getAthletes();}
}
```

代码现在不再利用服务的方法的返回值来设置属性 athletes，而
是使用 subscribe 方法，并且注册了一个函数，用于将来源于服务的
数组赋给组件的属性。还要注意，对该方法的调用不再发生在构造
函数中，而是在名为 ngOnInit 的方法中，该方法是在组件初始化时
被调用的。

2. 使用 async 管道

处理 Observable 的另一个选择是使用 async 管道。它是上节所述的订阅过程在条件受限情况下的简易实现方式。利用这一注释，能把从服务获取的 Observable 直接赋给组件的属性。在*ngFor 内使用 async 管道来告知 Angular 它所处理的属性是通过异步方式获取的。代码清单 3-21 展示了为使用 async 管道而修改过的组件代码。

代码清单 3-21：为使用 async 管道而更新后的 AthleteListComponent 代码

```
import { Component, Output, EventEmitter, OnInit } from
'@angular/core';
import { AthleteService } from './athlete.service';
import { Athlete } from "./athlete";
import { Observable } from "rxjs/Observable";


@Component({
  selector: 'app-athlete-list',
  template: `
  <ol>
    <li *ngFor="let athlete of athletes | async">
      <app-athlete (click)="select(athlete)" [athlete]=
      "athlete">
    </app-athlete></li>
  </ol>
  `,
})
export class AthleteListComponent implements OnInit {
  athletes: Observable<Athlete[]>;
  @Output() selected = new EventEmitter<Athlete>();
  constructor(private athleteService: AthleteService){  }

  getAthletes() {
    this.athletes = this.athleteService.getAthletes();
  }

  ngOnInit(){this.getAthletes();}

  select(selectedAthlete: Athlete){
    this.selected.emit(selectedAthlete);
  }
}
```

注意 athletes 属性现在已经从 Athlete 对象的数组变为运动员信息数组的 Observable。

注意

之所以使用"管道"这个术语，是因为它是通过"|"字符所识别的，同时也因为它是边界属性显示到屏幕上之前对其进行处理的一个函数。如果你熟悉 AngularJS 1，那么管道也可以理解为是过滤器的另一个名称。async 是可用管道中的一种，还存在其他管道，比如 date 管道将 Date 对象呈现为一个字符串，uppercase/lowercase 管道将字符串中的字符转换为大写或小写形式等。开发者也可以根据需要方便地创建自定义管道。

3. 使用承诺

如果开发者习惯于使用承诺(promise)，就如同在 AngularJS 1 里的做法一样，那么在 Angular 中仍然可以继续这么使用。但是由于 Angular 默认使用 Observable，开发者需要利用 Observable 的 toPromise 方法将其转换为承诺，并将其返回给组件。

```
getAthletes(){
    return this.http.get('api/athletes.json')
      .map((r: Response)=><Athlete[]>r.json().data)
      .toPromise();
  }
```

然后，与 AngularJS 1 的处理方法一样，可使用 then()方法来处理承诺。代码清单 3-22 展示了这种方式。

代码清单 3-22：处理承诺的组件

```
import { Component, Output, EventEmitter, OnInit } from
'@angular/core';
import { AthleteService } from './athlete.service';
import { Athlete } from "./athlete";
import { Observable } from "rxjs/Observable";
```

```
@Component({
  selector: 'app-athlete-list',
  template: `
  <ol>
    <li *ngFor="let athlete of athletes">
      <app-athlete (click)="select(athlete)" [athlete]="athlete">
      </app-athlete></li>
  </ol>
  `,
})
export class AthleteListComponent implements OnInit {
  athletes: Athlete[];
  @Output() selected = new EventEmitter<Athlete>();
  constructor(private athleteService: AthleteService) {  }

  getAthletes() {
    this.athleteService.getAthletes()
    .then(list => this.athletes=list);
  }

  ngOnInit(){this.getAthletes();}

  select(selectedAthlete: Athlete){
    this.selected.emit(selectedAthlete);
  }
}
```

既然 async 管道可配合 Observable 和承诺一同使用，开发者也可以利用它来取代代码中对承诺的处理。

到目前为止，有以下 4 种可选的方法来处理 Observable：

- 使用 Observable 并使用代码订阅其变动。
- 使用 Observable 并使用 async 管道。
- 使用承诺并在代码中处理它。
- 使用承诺并结合 async 管道。

JavaScript 的反射扩展(RxJS)

反射扩展是基于 Observable 模式的、用于异步与面向事件的程序设计的库集合。这一项目是由微软开发的，不仅支持 JavaScript，还支持.NET、Java、Node、Swift 等其他许多语言。

　　一般情况下，异步程序设计是利用回调、函数与承诺来实现的。它们适用于简单场景，但当复杂度增加时，例如程序中具有撤回、同步甚至错误处理过程，利用它们则很容易出错。利用 Observable 对象以及其方法使得这些情形更易于处理。

　　RxJS 不是由 Angular 开发团队开发的，但它在整个框架过程中得到广泛应用。

　　你可通过网站 http://reactivex.io/ 了解关于 RxJS 的更多信息。

　　除了本章介绍的概念，其实还有其他很多关于 Angular 的内容：直接在视图中格式化属性值的管道，便于在应用程序的视图与组件间导航的路径，简化表单编辑与验证的模块等。这些内容很多，即便使用两倍于本书厚度的书籍来记载它们，恐怕都不够。

3.11　Angular 与 ASP.NET MVC 的结合应用

　　将 Angular 与 ASP.NET Core 以及 ASP.NET MVC Core 结合起来应用并不比连接一个静态 JSON 文件更复杂。在客户端上，所要做的仅是将 URL 改为一个 ASP.NET MVC Core Web API。建立服务器端的服务部分也很容易。开发者仅需要创建一个控制器，用于返回 Angular 组件所要展示的项目列表。

　　代码清单 3-23 展示了一个非常简单的 API，它响应 URL/api/athletes 并返回具有名称与时间的对象列表。在真实世界中，这些数据很可能来源于数据库或者其他存储介质。第 9 章将展示一个使用数据库的完整示例。

代码清单 3-23：运动员信息控制器

```
using System.Collections.Generic;
using Microsoft.AspNetCore.Mvc;
using API.Models;
```

```csharp
using Newtonsoft.Json;

namespace API.Controllers
{
    [Route("api/[controller]")]
    public class AthletesController : Controller
    {
        // GET: api/values
        [HttpGet]
        public AthletesViewModel Get()
        {
            return new AthletesViewModel(new[] {
                new Athlete("Jan Frodeno", "DEU", "08:06:30"),
                new Athlete("Sebastian Kienle", "DEU", "08:10:02"),
                new Athlete("Patrick Lange", "DEU", "08:11:14"),
                new Athlete("Ben Hoffman", "USA", "08:13:00"),
                new Athlete("Andi Boecherer", "DEU", "08:13:25")
            });
        }
    }

    public class AthletesViewModel
    {
        public AthletesViewModel(IEnumerable<Athlete> items)
        {
            Items = items;
        }
        [JsonProperty(PropertyName = "data")]
        public IEnumerable<Athlete> Items { get; set; }
    }

    public class Athlete
    {
        public Athlete(string name, string country, string time)
        {
            Name = name;
            Country = country;
            Time = time;
        }
        public string Name { get; set; }
        public string Country { get; set; }
        public string Time { get; set; }
    }

}
```

默认情况下，可通过使用 camelCase 将.NET 属性的名称转换为 JavaScript 属性(因此 Name 将变成为 JavaScript 属性 name)，但如有必要，也可通过使用 JsonProperty 特性并指定 PropertyName 来改变该名称。

合并 Angular 项目与 ASP.NET Core 项目

在开发过程中，将 Angular 项目与 ASP.NET Core 项目集成在一起有些复杂。

有三种可能的方法：

- 不集成它们。在独立的文件夹内使用 Angular CLI 工具建立 Angular 项目，同时仅把 ASP.NET Core 项目与 API 服务放在一起。这两个项目之间仅通过 URL 连接起来。
- 将它们放置于一个项目里，利用 Angular CLI 工具来管理 Angular 那一部分，同时在 ASP.NET Core 项目的 wwwroot 文件夹内生成工件(artifact)。
- 利用 ASP.NET Core 中名为 JavaScriptServices 的新特性，在不使用 Angular CLI 的情况下生成整个项目。

下面进一步细致地探索这三种可选方案。

如何利用 webpack 为浏览器生成 Angular 应用程序

为了搞懂为何无法在 ASP.NET Core 项目中随意放入某个 JavaScript 库而使其正常运行，你首先要理解 Angular 项目是如何建立的。

你可能已经注意到，Angular 是一个模块化框架。无论是开发者自主开发的还是由框架提供的，应用程序中的每个不同部件都分布在独立的文件或模块里，并且必须按需导入。样式是散布于多个文件中的，并有可能与组件一一对应。所有这些文件都需要被绑定到一起，从而避免向浏览器发送成百上千的文件。此外，Angular 应用程序是利用 TypeScript 开发的，它在被浏览器处理之前需要转化为标准的 ES5 JavaScript。

发掘多样化的部件间的依赖与关系、将 JavaScript 转换至 TypeScript、绑定 JavaScript 与 CSS 并最终在 HTML 文件中包含正确的引用，这些是运行 Angular 应用程序前所必须执行的步骤。这个复杂的任务令人生畏。

上述过程本可以通过使用诸如 gulp 的通用前端构建工具来完成，但是 Angular 开发团队决定使用一个名为 webpack、专注于模块绑定的构建工具来完成所有任务。同时，Angular CLI 工具也正是利用它，从而在开发过程中执行 Angular 项目并在发布应用程序时生成工件。

1. 将 Angular 与 ASP.NET Core 作为两个独立项目

第一种同时也是最简单的实现集成的方案就是不集成。一方面我们有一个简单的 ASP.NET Core Web API 可以返回运动员列表(如代码清单 3-23 所示)，另一方面我们有贯穿本章使用的示例 Angular 应用程序。对前者使用 Visual Studio，而对后者使用 Angular CLI 工具的 ng serve 指令，便能同时启动这两个项目。

唯一不同之处是对于代码清单 3-20 中所示的服务类，在 http.get 方法中所使用的 URL 需要被更改为 http.get('http://localhost:57663/api/athletes')(利用 Visual Studio 启动项目时所使用的任意端口号)。

然而，这种做法存在一个问题。在某一个域上执行的应用程序 (Angular 应用程序在 localhost:4200 上执行)正在尝试访问来自另一个域的 API(localhost:57663)。这违反了由浏览器实现的用于屏蔽跨源(具有不同域、子域、端口或者模式的 URL)资源访问脚本的同源原则。

第一种处理方法是在 Angular 开发服务器的配置中配置一个代理(参见代码清单 3-24)。这样，脚本将与同一个源进行通信，通过代理实现对真实 API 的请求。

代码清单 3-24：代理配置(proxy.config.json)

```
{
  "/api/*": {
    "target": "http://localhost:57663",
    "secure": false
  }
}
```

至此，服务所使用的 URL 必须处于相同的域，所以需要将其变更为 http.get('/api/athletes')。

最后，重启 Angular 开发服务器并具体指定其配置：

```
ng serve --proxy-config proxy.config.json
```

这种做法适用于开发阶段，但不足以作为一个长久的解决方案，还需要对 ASP.NET Core 应用程序进行配置，以允许 CORS (Cross-Origin Resource Sharing，跨源资源共享)的请求。首先，在项目中引用 Microsoft.AspNetCore.Cors 包。接着，在 Startup 类的 Configure 方法中对原则进行配置。

```
app.UseCors(builder => {
    builder.WithOrigins("http://localhost:4200");
});
```

为进行测试，在不使用代理配置的情况下重启 Angular 开发服务器。

2. 利用 Angular CLI 将 Angular 与 ASP.NET Core 合并为同一项目

上一方案需要执行较少的设置并将两个项目完全分离。假如前端纯粹是 Angular 并且与后端相解耦，那么它可能是最佳方案。然而，如果应用程序是服务器端呈现与 Angular 代码的混合体，那么这两部分需要位于同一个项目中。

此方法背后的大致理念是在同一个文件夹下创建这两个项目，

一个使用 Visual Studio，另一个使用 Angular CLI 工具。接着，配置 CLI 工具，将生成的工件放在 ASP.NET Core 项目的 wwwroot 文件夹下。

首先，创建一个标准的 ASP.NET Core MVC 应用程序，并添加一个 Web API 服务(该 Web API 服务来自代码清单 3-23)。

接着，使用 CLI 工具创建一个 Angular 项目，并将其复制到相同的文件夹下，从而使 Angular 项目中的 package.json 文件与该项目中的.csproj 文件位于同一文件夹下。图 3-5 展示了复制项目后所形成的项目树状图。

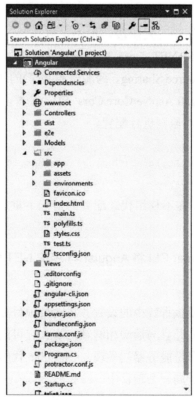

图 3-5　Angular 与 ASP.NET Core 位于同一项目

下一步需要修改 angular-cli.json 文件，从而使所生成的输出被放入 wwwroot 文件夹而不是默认的 dist 文件夹。由于生成过程会清空输出文件夹的内容，开发者需要确认输出已被置于子文件夹，从而避免误删文件夹中已经存在的文件。

```
...
  "apps": [
   {
    "root": "src",
    "outDir": "wwwroot/js",
    "assets": [
     "assets",
     "favicon.ico"
    ],
...
```

接着运行 ng build 指令，Angular CLI 将在 wwwroot/js 文件夹内创建一个可发布版本的脚本。

最后一步是在需要出现 Angular 应用程序的地方(例如在 Home/Index.cshtml 视图中)插入<app-root>标记，并按照下列方式引用在文件_Layout.cshtml 中生成的文件：

```
<script type="text/javascript" src="~/js/inline.
bundle.js"></script>
<script type="text/javascript" src="~/js/styles.
bundle.js"></script>
<script type="text/javascript" src="~/js/vendor.
bundle.js"></script>
<script type="text/javascript" src="~/js/main.
bundle.js"></script>
```

图 3-6 展示了默认的 ASP.NET Core 模板的主页，并显示了来源于 Web API 列表的 Angular 应用程序。

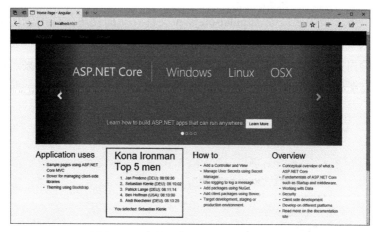

图 3-6　混合的服务器端与 Angular 呈现

为了使开发更简便，可以配置 Angular CLI 令其在任一文件发生变化时执行生成过程，从而利用 Angular 开发服务器来实现开发者可能惯用的快速反馈过程：ng build --watch。浏览器并不会自动刷新，但文件每次发生变化时，脚本至少是重新创建的。

这种合并 Angular 项目与 ASP.NET Core 项目的方法的设置过程较为繁杂，但该过程仅需要在项目建立之初完成。如果开发者需要一个更快捷、更少人为操作甚至更深程度的集成，那么还有第三种可选方案：使用 JavaScriptServices。

3. 使用 JavaScriptServices

最终方案使用了 JavaScriptServices，它是微软在 ASP.NET Core v2 中发行的一个库。该库的目的在于简化利用 ASP.NET Core 进行单页面应用程序开发的过程。除提供了一种简单的项目设置方式外，它还添加了诸如 Angular 应用程序的服务器端呈现等特性，并且集成了 webpack 生成过程，实现了对 Angular CLI 的解耦。所有这些都归功于一个允许在 ASP.NET Core 内执行任意 Node.js 应用程序的底层库。它不仅支持 Angular，还支持 React。

在 Visual Studio 2017 中，通过选择 Angular 项目模板(如图 3-7 所示)或者使用 dotnet new 命令并使用 Angular 模板，可以直接创建利用 JavaScriptServices 的项目。

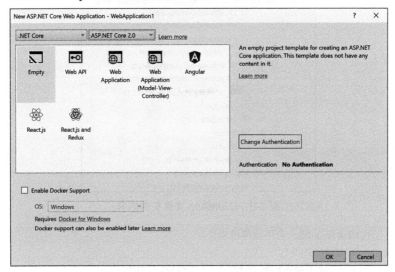

图 3-7　Visual Studio 2017 中的 Angular 项目模板

所产生的项目相对于模板更像是一个样例，但它为利用 ASP.NET Core 开发单页面应用程序提供了一个良好的起点。

添加本书到目前为止所使用的示例应用程序，还需要做一些工作。

首先，将包含了根应用程序组件的所有组件复制到 ClientApp/ app/components/athletes 文件夹。由于该应用程序已经存在了一个根应用程序组件，需要将原来的根应用程序组件更名为 athletes- app.component.ts。图 3-8 展示了 ClientApp 文件夹的内容。

为令应用程序可以使用它们，需要在位于 ClientApp/app/ app.module.shared.ts(见代码清单 3-25)的应用程序根模块中引用它们。

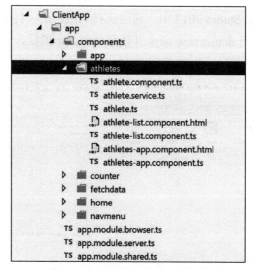

图 3-8　ClientApp 文件夹的内容

代码清单 3-25：应用程序根模块

```
import { NgModule } from '@angular/core';
import { CommonModule } from '@angular/common';
import { FormsModule } from '@angular/forms';
import { HttpModule } from '@angular/http';
import { RouterModule } from '@angular/router';

import { AppComponent } from './components/app/
app.component';
import { NavMenuComponent } from './components/
navmenu/navmenu.component';
import { HomeComponent } from './components/
home/home.component';
import { FetchDataComponent } from './components/
fetchdata/fetchdata.component';
import { CounterComponent } from './components/
counter/counter.component';

import { AthletesAppComponent } from './components/
athletes/athletes-app.component';
import { AthleteService } from './components/
athletes/athlete.service';
```

```
import { AthleteListComponent } from './components/
athletes/athlete-list.component';
import { AthleteComponent } from './components/
athletes/athlete.component';


@NgModule({
    declarations: [
        AppComponent,
        NavMenuComponent,
        CounterComponent,
        FetchDataComponent,
        AthletesAppComponent,
        AthleteListComponent,
        AthleteComponent,
        HomeComponent
    ],
    providers: [AthleteService],
    imports: [
        CommonModule,
        HttpModule,
        FormsModule,
        RouterModule.forRoot([
            { path: '', redirectTo: 'home', pathMatch: 'full' },
            { path: 'home', component: HomeComponent },
            { path: 'counter', component: CounterComponent },
            { path: 'fetch-data', component: FetchDataComponent },
            { path: 'athletes', component: AthletesAppComponent },
            { path: '**', redirectTo: 'home' }
        ])
    ]
})
export class AppModuleShared {
}
```

除了导入语句、声明以及利用新组件与服务配置的 providers 数组之外，还有一个新内容：路径配置。在 Angular 中，路径用于在 URL 与特定组件间建立映射，并且使组件间的导航更简单。归功于这些路径，用户能够直接对应用程序的某一部分进行书签标记或导航，就像它是一个服务器端呈现的页面一样。

4. 集成方法的选择

我们已经讨论了三种在 ASP.NET Core 应用程序中集成 Angular 项目的方法。如果前端与 API 具有清晰的界线，那么将 Angular 与 ASP.NET Core 分为两个独立项目是最佳方案，这也允许开发者利用 Angular 工具清晰地进行开发。利用 Angular CLI 将 Angular 与 ASP.NET Core 合并至一个项目，适用于在一个 Visual Studio 项目中对整个应用程序进行管理的同时仍旧使用 Angular 工具进行开发，但这个方法需要更多的人工操作。如果想要将传统 ASP.NET 的开发与 SPA 相结合，那么使用 JavaScriptServices 可能是最佳方案。它也提供了绝大多数复杂应用程序为了简化开发所需的特性，比如服务器端预呈现以及组件的热交换。但世界是瞬息万变的，每天都会涌现出新方案。

3.12 Visual Studio 2017 对 Angular 的支持

至此，我们已经编写了许多代码。其实，使用 Angular 在 Visual Studio 内的本地集成可以为开发者节省很多不必要的代码输入。Visual Studio 2017 有三方面有助于编写 Angular 应用程序的特性。

- 辅助编写 Angular 元素的代码片段
- TypeScript 文件内的智能提示
- HTML 文件内的智能提示

下面将逐一对其进行详细介绍。

3.12.1 代码片段

Visual Studio 自带了对 TypeScript 的本地支持，因此，在创建任意新的 TypeScript 文件时，包括与 Angular 相关的文件，开发者可使用"Add New Item(添加新项目)"并选择 TypeScriptFile，如图 3-9 所示。

图 3-9 Add New Item 对话框

一旦创建了一个空的 TypeScript 文件，开发者就可以使用 Angular 代码片段来生成组件、模块、服务以及其他 Angular 元素的程序构架。

例如，ng2component 代码片段将扩展为下列代码：

```
import { Component } from 'angular/core';

@Component({
    selector: 'my-component',
    template: 'Hello my name is {{name}}.'
})
export class ExampleComponent {
    constructor() {
        this.name = 'Sam';
    }
}
```

代码片段也可以扩展为其他常见的代码块，例如 HTTP 连接 (ng2httpget)。

```
return this.http.get('url')
    .map((response: Response) => response.json());
```

117

或者订阅 Observable(ng2subscribe)。

```
this.service.function
    .subscribe(arg => this.property = arg);
```

警告

Angular2 的代码片段包并不属于 Visual Studio 默认安装的一部分，需要单独从 Visual Studio 扩展程序库中下载：https://marketplace.visualstudio.com/items?itemName=MadsKristensen.Angular2SnippetPack。

3.12.2　TypeScript 文件中的智能提示

通过直接从 TypeScript 的 typings(TypeScript 文件的说明文档) 获取针对 Angular 的说明文档，Visual Studio 2017 也提供了针对 Angular 的完整性(或是相关性)智能提示。

图 3-10 展示了在@Component 注解内输入内容时所出现的自动补全列表。注意该列表中仅包含被 module 类公开的方法，同时提供了这些函数的完整说明。

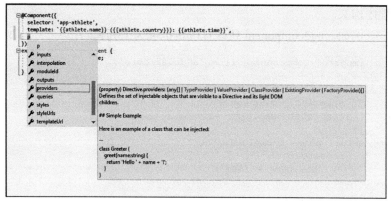

图 3-10　自动补全智能提示

当开发者打算输入参数时，便会出现常用的参数信息提示工具，如图 3-11 所示。

```
getAthletes(){
    return this.http.get('/api/athletes',)
        .map((r: Response)=   get(url: string, [options?: RequestOptionsArgs]): Observable<Response>
        .toPromise();            Performs a request with `get` http method.
}
}
```

图 3-11　参数信息

3.12.3　HTML 文件中的智能提示

　　Angular 的优势依托于其通过应用于 HTML 元素的指令而实现的声明方法。附带了代码片段包的 Visual Studio 2017 在这一情况下也能发挥其作用。连同标准的 HTML 特性，Visual Studio 的智能提示也为所有 Angular 结构指令提供了自动补全功能。如图 3-12 所示，它首先显示 ng2 标识，接着展开 Angular 的指令列表，然后展开某指令的完整格式。

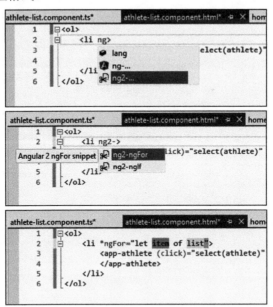

图 3-12　HTML 中的 Angular 自动补全

3.13　本章小结

　　Angular 的应用程序独立于任意特定的服务器端技术，但最新版本的 Visual Studio 以及 ASP.NET Core 所提供的功能特征使其极其适用于在 Microsoft.NET 平台上开展前端开发。Angular 是一个功能强大的 JavaScript 框架，具备很多概念。本章仅是一个简介，但笔者希望你能掌握其中的要点，从而开始迈向更前沿的主题并自主地进行探索。

第 **4** 章

Bootstrap 入门

本章主要内容:

- Bootstrap 简介
- 使用 Bootstrap 构建自适应式网站
- 使用 Less 定制 Bootstrap
- 可简化 Bootstrap 开发的 Visual Studio 2017 特性

前文中已经学习了如何将客户端行为添加到 Web 应用程序中，本章将介绍如何通过引入 Bootstrap，美化 Web 应用程序的外观。

直到几年前，在网站上使用样式对开发者而言，还是一种"必要之恶(necessary evil)"。CSS 并不完全是一种编程语言，并没有考虑到可维护性。设计网站对于网页设计师来说是一场噩梦，网页设计师每天都在使用 CSS，并且不得不在每个新项目中重复他们的工作。这导致数百个微库的创建，其目的是减少基本和标准 CSS 定义中的重复(或复制粘贴操作)。

幸运的是，一家 Twitter 公司决定将其内部"蓝图"发布为一个名为 Bootstrap 的开源项目。该项目很快就成为最受欢迎的 CSS "库"，因为它拥有优秀的默认样式和组件、高度模块化，并且易于通过 CSS 预处理语言 Less(最近也包括 Sass)定制。Bootstrap 默认情况下具有自适应能力，这意味着使用它创建的网站和 Web 应用能够自动适应设备的屏幕大小，无论设备是电视屏幕、台式机、笔记本电脑、平板电脑还是智能手机。Visual Studio 2017 中对该框架提供了良好支持，令使用它更为快捷和令人愉悦。

本章首先介绍 Bootstrap，讨论它的一些特性，然后将进一步介绍如何将它与 ASP.NET Core 和 Visual Studio 2017 结合使用。

本章代码下载
___

本章的相关代码可通过网站 www.wrox.com 下载。搜索该书的 ISBN(978-1-119-18131-6)，可在第 4 章的下载部分找到对应代码。

4.1 Bootstrap 简介

Bootstrap 是一个非常简单的框架。只需要安装它(通过 Bower、通过下载或从 CDN 引用它)，将样式添加到页面中，此后会"神奇"地获得更专业的整体风格。

4.1.1 安装 Bootstrap

必须引用三个文件(以及第四个可选文件)才能使 Bootstrap 的全部特性生效：

- Bootstrap CSS 文件：<link href="bootstrap/css/bootstrap. min.css" rel="stylesheet">。

- 可选的 Bootstrap 主题：<link href="bootstrap/css/bootstrap- theme. min.css" rel="stylesheet">可为页面添加一些美观的颜色。

- Bootstrap JavaScript 库：<script src ="bootstrap/js/bootstrap.min.
js"></script>。

由于 Bootstrap 基于它，jQuery 也是必需的。

如果需要支持较早(IE9 之前)版本的 IE，则必须添加填隙(shim)
库 html5shiv 和 Respond.js。官方文档中建议的基本模板如代码清单
4-1 所示。

代码清单 4-1：基本模板

```
<!DOCTYPE html>
<html lang="en">
  <head>
    <meta charset="utf-8">
    <meta http-equiv="X-UA-Compatible" content="IE=edge">
    <meta    name="viewport"    content="width=device-width,
initial-scale=1">
    <!-- The above 3 meta tags *must* come first in the head;
any other head content must come *after* these tags -->
    <title>Basic template</title>

    <!-- Bootstrap -->
    <link href="css/bootstrap.min.css" rel="stylesheet">
    <link href="css/bootstrap-theme.min.css" rel="stylesheet">

    <!-- HTML5 shim and Respond.js for IE8 support of HTML5
elements and media queries -->
    <!-- WARNING: Respond.js doesn't work if you view the page
via file:// -->
    <!--[if lt IE 9]>
      <script src="https://oss.maxcdn.com/html5shiv/3.7.2/
html5shiv.min.js"></script>
      <script src="https://oss.maxcdn.com/respond/1.4.2/respond.
min.js"></script>
    <![endif]-->
  </head>
  <body>

    <h1>Hello, world!</h1>

    <!-- jQuery (necessary for Bootstrap's JavaScript plugins)
-->
    <script src="https://ajax.googleapis.com/ajax/libs/jquery/
```

123

```
1.12.4/jquery.min.js"></script>
    <!-- Include all compiled plugins (below), or include
individual files as needed -->
    <script src="js/bootstrap.min.js"></script>
  </body>
</html>
```

此处唯一的文本，一句简单的"Hello, world!"，与未应用样式的页面的区别如图 4-1 所示。

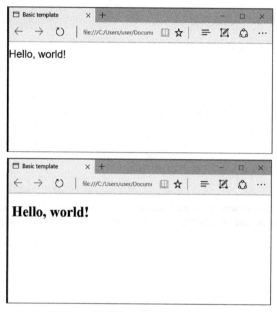

图 4-1　应用样式前后的同一个页面

图 4-1 展示了用于字体排印(typography，是一种对字体、字号、缩进、行间距、字符间距进行设计、安排等，来进行排版的工艺)的 Bootstrap 的核心 CSS 样式的一个示例，下面将详细介绍它。

注意

本章使用 Bootstrap 3.3 版。Bootstrap 4 版本已开发了很长时间，在撰写本文时仍处于 beta 版本。该版本发布时，预计最大的变化将是从 Less 转换到 Sass，重写所有 JavaScript 插件以及删除非自适应的布局。

4.1.2　Bootstrap 的主要特性

Bootstrap 基本上由三种不同类型的特性组成：

- **核心 CSS 类**：这些样式类自动地或通过应用简单的 CSS 类来增强元素的风格。
- **组件**：这些组件实现更复杂的 UI 元素，例如导航栏、下拉菜单、输入组、进度条等。
- **JavaScript 插件**：它们为各种组件赋予生命。

接下来将详细介绍这些特性。

4.2　Bootstrap 样式

Bootstrap 提供的第一个核心功能是一组 CSS 类，可增强网站的外观并使其具有自适应能力。

这些样式可以大致分为以下几类：

- 网格系统(Grid System)
- 排版(Typography)
- 表格
- 表单
- 按钮

4.2.1　网格系统

网格系统是任何 CSS 框架都具有的一个基本特性，它允许开发者创建基于一系列行和列的页面布局。在这一基本行为的基础上，Bootstrap 提供了一个能够自动适应屏幕尺寸的 12 列动态网格布局。

使用 Bootstrap 网格系统进行布局时，需要牢记几条说明：

- 整个网格必须位于一个使用.container标记的HTML元素中。

- 该容器包含使用\<div class="row"\> ... \</div\>定义的行。
- 行中包括列。每列的宽度通过使用类 .col-sm-*指定该列跨越的网格单元格的数量定义,其中*用实际宽度值替换。例如,4.col-sm-3(4×3=12)将用于制作四个等宽的列。

代码清单 4-2 展示了这些基本规则的实际应用。其中有四行,每行有不同的列(12×1、8+4、4×3 和 6×2)。应用的类是.col-sm-*,该类定义了“小设备”(屏幕尺寸大于 768 像素)和以上尺寸设备的行为。图 4-2 中展示了正常宽度下的网格显示方式,以及当浏览器窗口宽度低于 768 像素时,所有列堆叠的显示方式。

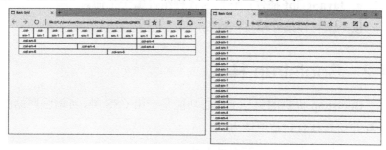

图 4-2　网格在桌面和智能手机模式中的显示方式

代码清单 4-2:基本网格

```html
<!DOCTYPE html>
<html lang="en">
...
<body>
  <div class="container">
    <div class="row">
      <div class="col-sm-1">.col-sm-1</div>
      <div class="col-sm-1">.col-sm-1</div>
      <div class="col-sm-1">.col-sm-1</div>
      <div class="col-sm-1">.col-sm-1</div>
      <div class="col-sm-1">.col-sm-1</div>
      <div class="col-sm-1">.col-sm-1</div>
      <div class="col-sm-1">.col-sm-1</div>
      <div class="col-sm-1">.col-sm-1</div>
      <div class="col-sm-1">.col-sm-1</div>
      <div class="col-sm-1">.col-sm-1</div>
```

```
    <div class="col-sm-1">.col-sm-1</div>
    <div class="col-sm-1">.col-sm-1</div>
  </div>
  <div class="row">
   <div class="col-sm-8">.col-sm-8</div>
    <div class="col-sm-4">.col-sm-4</div>
  </div>
  <div class="row">
    <div class="col-sm-4">.col-sm-4</div>
    <div class="col-sm-4">.col-sm-4</div>
    <div class="col-sm-4">.col-sm-4</div>
  </div>
  <div class="row">
    <div class="col-sm-6">.col-sm-6</div>
    <div class="col-sm-6">.col-sm-6</div>
  </div>
 </div>
 ...
 </body>
</html>
```

为更好地理解这一点,下面将说明自适应网格的工作原理。

Bootstrap 定义了 4 类设备,每类设备都有一个不同的 CSS 类前缀:

● 超小型设备,如智能手机,屏幕尺寸小于 768 像素(.col-xs-)。

● 小型设备,如平板电脑,屏幕尺寸大于 768 像素但小于 992 像素(.col-sm-)。

● 与普通笔记本电脑一样,中型设备的屏幕尺寸大于 992 像素,但小于 1200 像素(.col-md-)。

● 大型设备,如台式机,屏幕尺寸大于 1200 像素(.col-lg-)。

在代码清单 4-2 中,列的大小是用类.col-sm-*指定的,这意味着小于 768 像素的所有单元都将使用默认的垂直堆叠布局,如图 4-2 所示。为让智能手机和平板电脑堆叠单元,但在桌面上保持水平,应使用类.col-md- *。

但还可以通过组合不同的类,实现更复杂的布局。例如,如果不希望智能手机版本水平堆叠,但每行需要两列,则可以使用 col-xs-6 col-sm-1 来定义此行为。

另一方面，如果希望所有设备尺寸的布局相同，则只需要将该类应用于最小尺寸，那么所有较大尺寸都将继承这一设置。例如，如果总是需要每行两列，无论大小如何，只需要应用 col-xs-6 即可。此类方法的一个示例如代码清单 4-3 所示。

代码清单 4-3: 一个更复杂的布局

```html
<!DOCTYPE html>
<html lang="en">
...
<body>
  <div class="row">
    <div class="col-xs-6 col-sm-1">.col-sm-1</div>
    <div class="col-xs-6 col-sm-1">.col-sm-1</div>
    <div class="col-xs-6 col-sm-1">.col-sm-1</div>
    <div class="col-xs-6 col-sm-1">.col-sm-1</div>
    <div class="col-xs-6 col-sm-1">.col-sm-1</div>
    <div class="col-xs-6 col-sm-1">.col-sm-1</div>
    <div class="col-xs-6 col-sm-1">.col-sm-1</div>
    <div class="col-xs-6 col-sm-1">.col-sm-1</div>
    <div class="col-xs-6 col-sm-1">.col-sm-1</div>
    <div class="col-xs-6 col-sm-1">.col-sm-1</div>
    <div class="col-xs-6 col-sm-1">.col-sm-1</div>
    <div class="col-xs-6 col-sm-1">.col-sm-1</div>
  </div>
  <div class="row">
    <div class="col-xs-6 col-sm-8">.col-sm-8</div>
    <div class="col-xs-6 col-sm-4">.col-sm-4</div>
  </div>
  <div class="row">
    <div class="col-xs-6 col-sm-4">.col-sm-4</div>
    <div class="col-xs-6 col-sm-4">.col-sm-4</div>
    <div class="col-xs-6 col-sm-4">.col-sm-4</div>
  </div>
  <div class="row">
    <div class="col-xs-6">.col-sm-6</div>
    <div class="col-xs-6">.col-sm-6</div>
  </div>
  ...
  </body>
</html>
```

网格系统还支持其他一些有价值的功能。例如，如果需要为行添加边距，可指定偏移量；可在行内嵌套列；还可更改列的显示顺序。

对于列在水平布局中的顺序与垂直堆叠布局中的顺序不同的情况，最后一个特性非常重要。右侧边栏是一个示例。列按照它们在代码中的先后顺序进行堆叠，因此通常右侧边栏(在垂直堆叠时)会位于页面底部的内容下方，而我们并不希望如此。Bootstrap 提供类.col-*- push- *和.col-*-pull-*来改变这种行为。当将这两个类应用于列时，它们分别将其右推或左拉。

一个在智能手机视图中位于顶部的右侧栏的场景如代码清单 4-4 所示。注意，其中的列将在垂直堆叠视图中按照所需顺序进行排列，并且对于平板电脑和较大尺寸的设备，类将改变这些列的排列方式。

代码清单 4-4：重新排序列

```
<!DOCTYPE html>
<html lang="en">
...
<body>
  <div class="row">
    <div class="col-sm-4 col-sm-push-8">Sidebar</div>
    <div class="col-sm-8 col-sm-pull-4">Content</div>
  </div>
  ...
  </body>
</html>
```

其他一些虽然不特别针对网格系统，仍然与自适应设计相关的有用的类，是基于屏幕大小隐藏元素的类：

- .visible-xs-*，仅在特定设备尺寸(本例中为智能手机)中显示元素。在该例中，*不是列数，而是可见性的适用范围(block(块)、inline(内联)、inline-block(内联块))。
- .hidden-xs，针对特定设备尺寸，隐藏元素。

还有一种功能，是在打印页面时隐藏元素：

- .visible-print- *仅在打印时显示元素。

- .hidden-print 在打印时隐藏元素。

4.2.2 排版

正如本章开头的图 4-1 所示，只需要添加 Bootstrap 库，即可使 h1 标签的外观更新潮。此增强功能不仅适用于标题，而且适用于其他所有标准 HTML 元素。没必要使用任何特殊的语法，只需要标准的 HTML 标签。

例如，blockquote 元素的渲染如图 4-3 所示。用于实现它的代码如代码清单 4-5 所示。

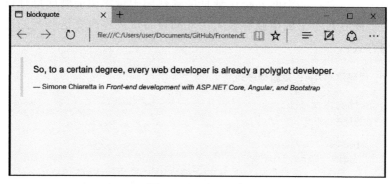

图 4-3　blockquote

代码清单 4-5：blockquote

```
<!DOCTYPE html>
<html lang="en">
...
<body>

    <blockquote>
        <p>So, to a certain degree, every web developer is already
a polyglot developer.</p>
        <footer>Simone    Chiaretta    in    <cite    title="Front-end
development with ASP.NET Core, Angular, and Bootstrap">Front-end
development with ASP.NET Core, Angular, and Bootstrap</cite>
```

```
</footer>
    </blockquote>
    ...
    </body>
    </html>
```

代码清单同样可以通过 Bootstrap 库获得外观改善。使用\<code\>和\<pre\>元素时发生的外观变化如图 4-4 所示。

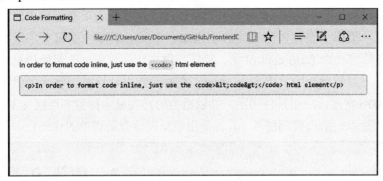

图 4-4　代码格式化

4.2.3　表格

与不需要使用任何类即可获得 Bootstrap 样式风格的其他 HTML 元素不同，需要为表格指定一个类。这是因为将样式应用于所有表格，会导致在多种用户界面组件(如日历或日期选择器)中使用表格时出现问题。

要应用 Bootstrap 样式，需要做的工作是将.table 类添加到 \<table\>元素。这将生成一个在行之间带有水平分隔符的标准表格。对于不同样式的表格，还有另外一些类：

- .table-striped 添加灰色背景以交替显示行。
- .table-bordered 为表格本身和所有单元格添加边框。
- .table-hover 为行添加鼠标悬停样式。
- .table-condensed 减少行之间的空隙，使视觉效果更加紧凑。

除了这些与表相关的类以外，还有专用于行和单元格的类，用于指示该行是代表信息(.info)、警告(.warning)、危险(.danger)还是操作成功(.success)。

最后，如果将表格封装在<div class="table-responsive">标签中，而屏幕尺寸小于 768 像素，将出现水平滚动条。

4.2.4 表单

另一个 Bootstrap 带来了大量改进的领域是表单和表单中的字段。类似于表格，需要为表格指定一个类。表单中的每个字段都必须有一个.form-control 类，并且必须与其标签和可选帮助信息一起，封装到一个具有.form-group 类的元素中。这些类将字段置为100%宽度，应用最佳间距，并以适当的样式显示标签和帮助文本，如图 4-5 所示(代码清单 4-6 就是用于呈现该登录表单的代码)。

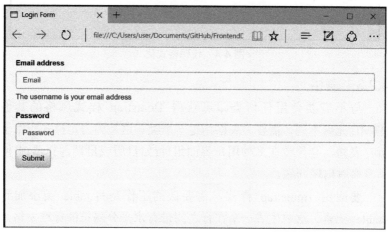

图 4-5　登录表单

代码清单 4-6：登录表单的代码

```
<!DOCTYPE html>
<html lang="en">
...
<body>
  <form>
```

```
  <div class="form-group">
    <label for="email">Email address</label>
    <input type="email" class="form-control" id="email"
    placeholder="Email">
    <p class="help-block">The username is your email address</p>
  </div>
  <div class="form-group">
    <label for="password">Password</label>
    <input type="password" class="form-control" id="password"
        placeholder="Password">
  </div>
  <button type="submit" class="btn btn-default">Submit
  </button>
</form>
...
</body>
</html>
```

有两个类用于更改表单布局：.form-inline 类将所有字段置于同一行上，而.form-horizontal 类将标签和字段置于同一行，并将各个表单组置于不同行。当使用第二个类时，表单布局使用本章开头所述的网格布局，因此可以使用同样的类名，指定标签和输入框使用的列数。

字段也可以根据其状态或验证结果进行样式设置。当应用布尔属性 disabled 以禁用输入元素时，该元素也将变灰。要在不实际禁用输入元素的情况下获得相同的视觉效果，可应用 readonly 属性。

为显示字段的验证结果，可将验证相关的类应用于表单组元素。这些类包括：.has-success，表示验证通过；.has-error 指示发生了一个验证错误，以及.has-warning 指示介于通过和错误之间的问题。

```
<div class="form-group has-success">
  <label for="email">Email address</label>
  <input type="email" class="form-control" id="email" placeholder
  ="Email">
```

```
    <p class="help-block">The username is your email address</p>
    </div>
```

4.2.5 按钮

Bootstrap 也提供了用于设置按钮样式的类，只需要将.btn 应用于<button>元素即可。

可将类与.btn 结合使用，更改按钮的语义。可以使用.btn-primary 识别表单上的主按钮，.btn-success 识别积极行为，或者.btn-danger 识别可能导致危险结果的行为(例如不可恢复的删除操作)。

还有一些修饰符可使按钮变大或变小。可使用.btn-lg、.btn-sm、.btn-xs，或使按钮接管父元素的所有宽度的.btn-block。

要查看 Bootstrap 中可用的所有类，请参阅 Bootstrap 网站上的官方文档。

4.3 组件

Bootstrap 提供的第二级特性是组件。它们由 Bootstrap 自己的 JavaScript 插件增强了的 HTML 片段组成。Bootstrap 中有 21 个组件可用，包括徽章和警报等小功能和导航栏、下拉菜单、分页和输入字段等更大的 UI 控件。本章中不可能面面俱到地涵盖它们，所以接下来的几页内容只是介绍其中的一小部分。笔者建议你阅读官方文档，了解它们的工作原理。

4.3.1 字体图标

Bootstrap 包括 250 多个免费的 Halfling 字体图标(glyphicon)。字体图标是通过 Web 字体和 CSS 类实现的轻量级图标。要在页面中使用它们，必须添加一个带有相关字体类的<span>元素。唯一需要记住的重要规则是，用于字体的 CSS 类必须在其自己的元素上使

用，该元素未应用任何其他类并且没有嵌套元素。创建图 4-6 中的
"Confirm(确认)"按钮所需的代码如代码清单 4-7 所示，该按钮基
本就是一个按钮内的字体图标和一个标题。

图 4-6　Confirm 按钮

代码清单 4-7：Confirm 按钮

```
<!DOCTYPE html>
<html lang="en">
...
<body>

  <button type="button" class="btn btn-success btn-lg">
    <span class="glyphicon glyphicon-ok-circle" ></span> Confirm
  </button>
  ...
  </body>
</html>
```

4.3.2　下拉菜单

下拉菜单是最重要的 UI 组件之一。不过，在 Bootstrap 中，下

拉菜单的内涵略有不同。它不像在 HTML 的 select 元素中一样用于选择一个值，而更像是一个包含项目的菜单。

下拉菜单由两部分组成。第一部分是单击后会打开菜单的触发器。第二部分则是带菜单项的\<ul\>。这两个元素必须置于一个具有.dropdown 类的元素中。一个下拉菜单的示例如代码清单 4-8 所示。

代码清单 4-8：下拉菜单

```
<!DOCTYPE html>
<html lang="en">
...
<body>
  <div class="dropdown">
    <button class="btn btn-default dropdown-toggle" type=
    "button"
           data-toggle="dropdown">
     User Profile
     <span class="caret"></span>
    </button>
    <ul class="dropdown-menu" aria-labelledby=
    "dropdownMenu1">
     <li class="dropdown-header">Settings</li>
     <li><a href="#">Update password</a></li>
     <li><a href="#">Update profile</a></li>
     <li class="disabled"><a href="#">Payment information
     </a></li>
     <li role="separator" class="divider"></li>
     <li><a href="#">Logout</a></li>
    </ul>
  </div>
  ...
  </body>
</html>
```

代码清单 4-8 中还展示了下拉菜单的其他可选元素：

● 一个标题，使用类.dropdown-header 标识。

● 一个禁用的链接，使用类.disabled 标识。

- 一个分隔链接的分隔符，使用.divider 类标识。

具有这些可选元素的菜单如图 4-7 所示。

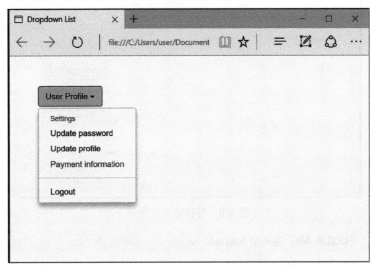

图 4.7　User Profile 下拉菜单

4.3.3　输入组

如何让 Web 程序的用户输入数据变得更简单，是每个开发者都应最关注的问题。输入组(input group)是通过扩展标准输入字段并在字段前后添加文本、符号或按钮以帮助实现这一目标的组件。

输入组由一个由类.input-group 标注的容器元素定义，该类包含一个<span>元素和带有类.form-control 的实际输入字段，如果附加组件是文本，则<span>元素中带有类.input-group-addon，如果是按钮，则<span>中包含.input-group-btn。

在输入组的一侧中，只允许一个附加项。

代码清单 4-9 中展示了上述所有各种选项。注意按钮也可作为下拉菜单的触发器(如图 4-8 所示)。

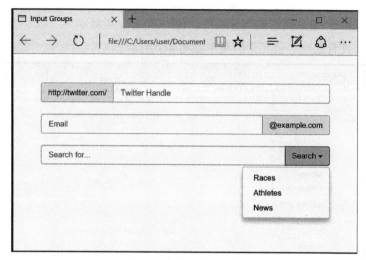

图 4-8　各种输入组示例

代码清单 4-9：各种输入组示例

```
<!DOCTYPE html>
<html lang="en">
...
<body>
  <div class="input-group">
    <span class="input-group-addon">http://twitter.com/</span>
    <input type="text" class="form-control" placeholder=
    "Twitter Handle">
  </div>

  <div class="input-group">
    <input type="text" class="form-control" placeholder=
    "Email">
    <span class="input-group-addon">@example.com</span>
  </div>

  <div class="input-group">
    <input type="text" class="form-control" placeholder=
    "Search for...">
    <span class="input-group-btn">
      <button type="button" class="btn btn-default dropdown-
      toggle"
              data-toggle="dropdown">Search <span class=
```

```
      "caret"></span>
    </button>
    <ul class="dropdown-menu dropdown-menu-right">
      <li><a href="#">Races</a></li>
      <li><a href="#">Athletes</a></li>
      <li><a href="#">News</a></li>
    </ul>
  </span>
 </div>
 ...
 </body>
</html>
```

4.3.4　导航

是否具有精心设计的导航，体现出成功的用户界面和无法使用的网站之间的区别。Bootstrap 可为各种类型的导航 UI 提供组件。它们都使用相同的方法，因为它们都包装在一个<nav>元素中，而导航元素都是一个 HTML 列表中的子项目。

1. 导航栏

导航栏可能是最知名的 Bootstrap 组件，从 Twitter 几年前的 UI 中很容易识别它。此组件充当一个自适应的容器，其中可以容纳应用程序主导航栏中的其他所有元素和组件。

导航栏的容器用.navbar 类标记。它包含导航栏的题头，题头是一个<div>元素，其类为.navbar-header，该类可以是一个图像或只是应用的名称(文本)。导航栏的所有元素都是<ul class ="nav navbar-nav">列表元素中的<li>项，每个列表项中都可以包含一个常规链接，或在需要使用通过下拉菜单实现的子菜单时，包含一个嵌套列表。图 4-9 展示了一个完整的导航栏，其中还包含一个表单元素。

图 4-9　导航栏示例

一个有趣的功能是,可将导航栏配置为在屏幕小于 768 像素时,折叠为一个垂直的移动设备用菜单(如图 4-10 所示)。为了启用此功能, 必须将用于打开和关闭栏的按钮放入导航栏的题头区域,并且包含导航栏项目的列表必须放置在一个可折叠元素内。

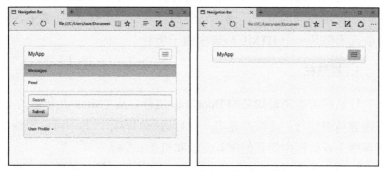

图 4-10　展开与折叠状态的自适应导航栏

代码清单 4-10 展示了 navbar 的所有基本特性,包括如何将元素标记为活动状态。

代码清单 4-10:自适应导航栏

```
<!DOCTYPE html>
<html lang="en">
...
<body>
  <nav class="navbar navbar-default">
    <div class="container-fluid">
```

```html
<div class="navbar-header">
  <button type="button" class="navbar-toggle collapsed"
  data-toggle="collapse" data-target="#example-navbar-
  collapse-1" aria-expanded="false">
    <span class="icon-bar"></span>
    <span class="icon-bar"></span>
    <span class="icon-bar"></span>
  </button>
  <a class="navbar-brand" href="#">MyApp</a>
</div>

<div class="collapse navbar-collapse" id="example-navbar-
collapse-1">
  <ul class="nav navbar-nav">
    <li class="active"><a href="#">Messages</a></li>
    <li><a href="#">Feed</a></li>
  </ul>
  <form class="navbar-form navbar-left" role="search">
    <div class="form-group">
      <input type="text" class="form-control" placeholder=
      "Search">
    </div>
    <button type="submit" class="btn btn-default">Submit
    </button>
  </form>
  <ul class="nav navbar-nav navbar-right">
    <li class="dropdown">
      <a class="dropdown-toggle" type="button" data-toggle=
      "dropdown">
        User Profile
        <span class="caret"></span>
      </a>
      <ul class="dropdown-menu" aria-labelledby=
      "dropdownMenu1">
        <li class="dropdown-header">Settings</li>
        <li><a href="#">Update password</a></li>
        <li><a href="#">Update profile</a></li>
        <li class="disabled"><a href="#">Payment information
        </a></li>
        <li role="separator" class="divider"></li>
        <li><a href="#">Logout</a></li>
      </ul>
    </li>
  </ul>
</div>
</div>
```

```
  </nav>
  ...
  </body>
</html>
```

导航栏还有许多其他选项，可以通过阅读其官方网站上的
Bootstrap 文档学习。

2. 分页

分页(pagination)组件用于将一个列表分为多个页面以便快速浏
览。此时，列表元素需要具有.pagination 类。控件中的所有页面都
是普通的列表项，可以通过应用.disabled 类禁用，或使用.active 类
将其标记为活动状态。

分页组件的代码如代码清单 4-11 所示，其显示效果如图 4-11
所示。

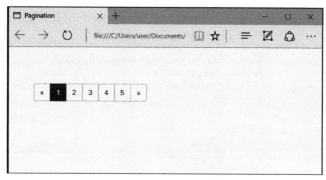

图 4-11　分页组件

代码清单 4-11：分页控件

```
<!DOCTYPE html>
<html lang="en">
...
<body>
  <nav>
    <ul class="pagination">
      <li class="disabled"><a href="#"><span>&laquo;</span>
```

```
    </a></li>
    <li class="active"><a href="#">1</a></li>
    <li><a href="#">2</a></li>
    <li><a href="#">3</a></li>
    <li><a href="#">4</a></li>
    <li><a href="#">5</a></li>
    <li><a href="#"><span>&raquo;</span></a></li>
   </ul>
  </nav>
 ...
  </body>
</html>
```

3. 面包屑导航

面包屑导航(Breadcrumb)帮助用户在分层内容结构中找到它们所处的路径，如图 4-12 所示。与导航栏相比，这个元素非常简单，因为它只是一个关于.breadcrumb 类的有序列表，如代码清单 4-12 所示。

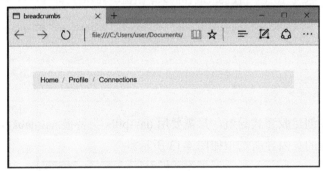

图 4-12　面包屑导航控件

代码清单 4-12：面包屑导航

```
<!DOCTYPE html>
<html lang="en">
...
<body>
  <ol class="breadcrumb">
    <li><a href="#">Home</a></li>
    <li><a href="#">Profile</a></li>
    <li class="active">Connections</li>
  </ol>
```

143

```
...
  </body>
</html>
```

4. 标签页和胶囊

另一种类型的导航是页内导航。页面内导航通常通过标签页或"胶囊(pill)"来实现。代码清单 4-13 展示了如何实现标签页。

代码清单 4-13：标签页式导航

```
<!DOCTYPE html>
<html lang="en">
...
<body>
  <ul class="nav nav-tabs">
    <li role="presentation" class="active"><a href="#home">
    Home</a></li>
    <li role="presentation"><a href="#profile">Profile</a>
    </li>
    <li role="presentation"><a href="#messages">Messages</a>
    </li>
  </ul>
  ...
  </body>
</html>
```

要创建胶囊式导航，只需要用.nav-pills 类替换.nav-tabs 类。两种不同的页内导航选项如图 4-13 所示。

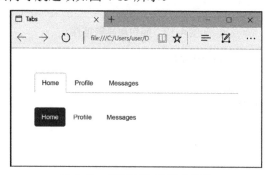

图 4-13　标签页与胶囊式导航

本章后文中将介绍，使用 Bootstrap JavaScript 库可增强这两种导航类型，以在单击项目时自动切换窗格(pane)。

4.3.5　其他组件

还可以使用 Bootstrap 创建其他组件，包括标签、徽章和警报。代码清单 4-14 中展示了一些代码，可用于呈现这些其他的基本 Bootstrap 组件，其效果如图 4-14 所示。

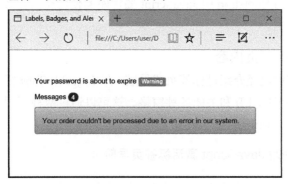

图 4-14　标签、徽章和警报

代码清单 4-14：标签、徽章和警报

```
<!DOCTYPE html>
<html lang="en">
...
<body>

    <!-- Label -->
    <p>Your password is about to expire <span class="label
    label-warning">Warning</span></p>
    <!-- Badage -->
    <p>Messages <span class="badge">4</span></p>
    <!-- Alert -->
    <div class="alert alert-danger" role="alert">Your order
    couldn't be processed due to an error in our system.</div>

    ...
    </body>
</html>
```

4.4　JavaScript

　　Bootstrap 带来的最后一级功能增强是它的 JavaScript 插件库。某些插件会自动使用，以驱动某些组件(如下拉菜单或选项卡式导航)生效。其他的则是纯粹的 JavaScript API，可以自主使用。

　　本章不详细介绍 JavaScript 插件库，主要关注 API 的一些简单用法，因为 Bootstrap 中 JavaScript 插件库的使用相当复杂，超出了本书的范围。

4.4.1　标签页内容

　　前文中已经介绍过标签页式导航。在 Toggable Tabs 插件的帮助下，导航可以打开和关闭各种窗格。这可以通过两种不同的方式实现：通过 JavaScript 或仅使用标记和数据属性。

1. 使用 JavaScript 激活标签页导航

　　在按照代码清单 4-13 中的方式设置了标签页式导航之后，必须创建窗格。它们只是简单的<div>元素，其中指定了 role ="tabpanel"。

```
<div class="tab-content">
  <div role="tabpanel" class="tab-pane active" id="home">Home
  </div>
  <div role="tabpanel" class="tab-pane" id="profile">Profile
  </div>
  <div role="tabpanel" class="tab-pane" id="messages">Messages
  </div>
</div>
```

　　请注意，窗格的 id 与导航中使用的链接中的锚匹配。这非常重要，因为用于打开窗格的 JavaScript 函数.tab('show')依赖于链接中的 href 和窗格中的 id 相同。此方法必须作为链接的单击事件调用，例如$('#myTabs a [href ="#profile"]').tab('show')，用于启用配置文件链接上的选项卡功能。

　　一种更好的方法是使用一个简单的 jQuery 选择器启用所有链

接上的选项卡功能。通过 jQuery 激活的选项卡的完整代码如代码清单 4-15 所示。

代码清单 4-15：带有 JavaScript 的标签页导航

```html
<!DOCTYPE html>
<html lang="en">
...
  <body>

    <ul id="myTabs" class="nav nav-tabs">
      <li role="presentation" class="active"><a href="#home">
      Home</a></li>
      <li role="presentation"><a href="#profile">Profile</a>
      </li>
      <li role="presentation"><a href="#messages">Messages
      </a></li>
    </ul>

    <div class="tab-content">
      <div role="tabpanel" class="tab-pane active" id="home">
      Homediv>
      <div role="tabpanel" class="tab-pane" id="profile">
      Profilediv>
      <div role="tabpanel" class="tab-pane" id="messages">
      Messages</div>
    </div>

    <script src="https://ajax.googleapis.com/ajax/libs/jquery/
1.12.4/jquery.min.js"></script>
    <script src="js/bootstrap.min.js"></script>

    <script type="text/javascript">
    $('#myTabs a').click(function (e) {
      e.preventDefault()
      $(this).tab('show')
    });
    </script>

  </body>
</html>
```

2. 使用数据属性激活标签页导航

通过标记中的数据属性激活标签页甚至更简单。需要做的只是在导航栏中添加 data-toggle ="tab"，如代码清单 4-16 所示。

代码清单 4-16：使用数据属性实现标签页导航

```
<!DOCTYPE html>
<html lang="en">
...
<body>
  <ul id="myTabs" class="nav nav-tabs">
    <li role="presentation" class="active"><a href="#home"
      data-toggle="tab">Home</a></li>
    <li role="presentation"><a href="#profile"
      data-toggle="tab">Profile</a></li>
    <li role="presentation"><a href="#messages"
      data-toggle="tab">Messages</a></li>
  </ul>

  <div class="tab-content">
    <div role="tabpanel" class="tab-pane active" id="home">
    Home</div>
    <div role="tabpanel" class="tab-pane" id="profile">
    Profile</div>
    <div role="tabpanel" class="tab-pane" id="messages">
    Messages</div>
  </div>
  ...
</body>
</html>
```

4.4.2　模态对话框

另一个常用的 UI 控件是模态(modal)对话框。该 Bootstrap 插件的功能非常简单：它显示并关闭模态对话框。另一方面，模态对话框本身所需的 HTML 代码有点冗长，但只要理解了，就会发现它具有很强的逻辑性。

它以一个外部的<div>元素开头，其中的.modal 类表示涵盖整个页面的覆盖层。在该元素中还有另一个<div>元素，以类.moda-dialog 进行标记。该元素才是实际的模态对话框，它包含三个独立的区域：

- 由<div class ="modal-header">定义的模态题头包含对话框的标题和关闭按钮。

- 对话框的实际内容包含在<div class ="modal-body">内。
- <div class = "modal-footer">内的页脚是对话框动作按钮的预期放置位置。

用于渲染图 4-15 对话框的完整代码如代码清单 4-17 所示。

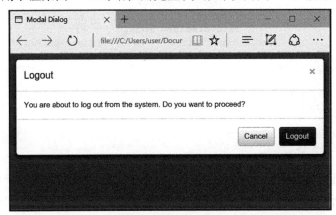

图 4-15　模态对话框

代码清单 4-17：模态对话框

```
<!DOCTYPE html>
<html lang="en">
...
<body>
  <!-- Button trigger modal -->
  <button type="button" class="btn btn-primary btn-lg"
          data-toggle="modal" data-target="#myModal">
    Launch logout modal
  </button>

  <!-- Modal -->
  <div class="modal fade" id="myModal" tabindex="-1" role=
  "dialog">
    <div class="modal-dialog" role="document">
      <div class="modal-content">
        <div class="modal-header">
          <button type="button" class="close"
                  data-dismiss="modal">&times;</button>
          <h4 class="modal-title" id="myModalLabel">Logout
```

149

```
        </h4>
    </div>
    <div class="modal-body">
      You are about to log out from the system. Do you want
      to proceed?
    </div>
    <div class="modal-footer">
      <button type="button" class="btn btn-default"
             data-dismiss="modal">Cancel</button>
      <button type="button" class="btn btn-primary">
      Logout</button>
    </div>
  </div>
  </div>
  </div>
  ...
</body>
</html>
```

该模块的打开非常简单。与其他大多数 Bootstrap 插件一样，该操作可通过标记或代码完成。要使用标记完成该操作，如代码清单 4-17 所示，只需要在用于打开对话框的元素中设置 data-toggle="modal"，并设置 data-target="#myModal"，以指示要打开哪个模态对话框。

```
<button type="button" class="btn btn-primary btn-lg" data-
toggle="modal" data-target="#myModal">Launch logout modal</button>
```

$('myModal').modal('show')方法可用于在 JavaScript 中打开模态对话框。

4.4.3   工具提示和弹出对话框

其他不需要太多工作量即可实现的核心插件是工具提示(tooltip)和弹出式对话框(popover)，如图 4-16 所示。它们基本上是同一种东西——出现在一个元素旁边的文字气泡框——但有一些微小但重要的差异。工具提示在将鼠标悬停在元素上时出现，而弹出式对话框则在单击时出现。弹出式对话框也有工具提示中没有的标题。

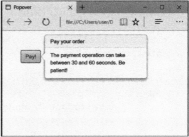

图 4-16　工具提示和弹出式对话框

与其他插件类似，工具提示和弹出式对话框都可以使用 JavaScript 或通过标记进行配置。

要通过标记创建它们，只需要在元素上设置 data-toggle="tooltip" 或 data-toggle="popover" 即可。还可以选用 data-placement="left" 设置工具提示的位置。然后使用 title 属性指定工具提示的文本和弹出式对话框的标题，并通过 data-content 属性指定弹出式对话框的内容。出于性能方面的原因，与自动启用的其他插件不同，工具提示和弹出式对话框必须通过 JavaScript 方法$().tooltip()和$().popover()手动加入。这两个组件的代码如代码清单 4-18 和代码清单 4-19 所示。

代码清单 4-18：工具提示

```
<!DOCTYPE html>
<html lang="en">
...
<body>
  <button id="saveBtn" type="button" class="btn btn-default"
        data-toggle="tooltip"
        data-placement="right"
        title="Click to save">Save</button>
  ...
  <script type="text/javascript">
   $('#saveBtn').tooltip();
  </script>
  ...
</body>
</html>
```

代码清单 4-19: 弹出式对话框

```
<!DOCTYPE html>
<html lang="en">
...
<body>
  <button id="payBtn" type="button" class="btn btn-default"
          data-toggle="popover"
          data-placement="right"
          title="Pay your order"
          data-content="The payment operation can take between
          30 and 60 seconds. Be patient!">Pay!</button>
  ...
  <script type="text/javascript">
    $('#payBtn').popover();
  </script>
  ...
</body>
</html>
```

4.5 使用 Less 定制 Bootstrap

Bootstrap 是使用 Less(一种 CSS 预处理语言)开发的。这样做的一个好处是可以很容易地定制它,以更好地适应应用程序的外观和风格,而不必覆盖所有 CSS 文件中的全部内容。这可以通过两种不同的方式完成:通过 Bootstrap 网站操作,或下载源代码并手动更新 Less 或 Sass 文件。

4.5.1 通过网站定制

Bootstrap 官方网站提供了一个定制页面,允许开发者更改框架的默认样式(如图 4-17 所示)。此外,它还提供了选择将哪些样式、组件和插件包含在编译文件中的选项。如果希望减小从网站下载的文件的大小,可使用这些选项。

可通过 URL http://getbootstrap.com/customize/访问该定制页面。

在该页面上可向下滚动以查找所需的变量,也可从右侧的菜单中选择要定制的框架区域。例如,如果希望将按钮、导航栏和标签的 success 样式的绿色修改为另一种绿色色调，则可更改@brand-success 变量。

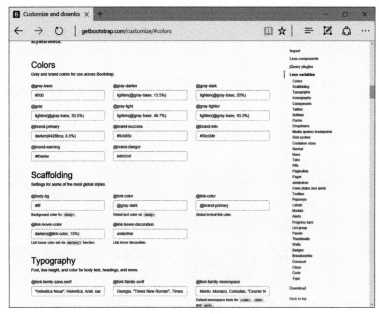

图 4-17　Bootstrap 定制器

完成所有定制后，向下滚动到页面底部，然后单击 Compile and Download 按钮。这将生成一个带有你指定的 Bootstrap 版本的 zip 文件。它还会将你的特有配置保存到 GitHub(以 gist 形式)以及刚下载的 zip 文件内的 config.json 文件中。代码清单 4-20 中展示了该 config.json 文件的一个片段。注意，在末尾处，该文件包含用于直接使用此特定配置打开定制工具的 URL。

代码清单 4-20：config.json 文件

```
{
  "vars": {
    "@gray-base": "#000",
    ...
```

```
    "@brand-primary": "darken(#428bca, 6.5%)",
    "@brand-success": "#00FF00",
    "@brand-info": "#5bc0de",
    "@brand-warning": "#f0ad4e",
    "@brand-danger": "#d9534f",
    ...
  },
  "css": [
    "print.less",
    "type.less",
    "code.less",
    ...
  ],
  "js": [
    "alert.js",
    "button.js",
    ...
  ],
  "customizerUrl":
"http://getbootstrap.com/customize/?id=b21b62d56781c2e2ea87"
  }
```

如果需要对样式进行快速调整，并且开发工作流程中不使用
Less(或 Sass)，则此工具非常有用。但如果需要迭代性更好的方法，
并已使用了 Less，那么直接修改变量可能会更好。

4.5.2 使用 Less 定制

为直接编辑 Less 变量，需要下载 Bootstrap 的源代码。放置实
际 CSS 样式代码的文件夹名为 less。在该文件夹中，每个 CSS 区域
和组件都包含一个对应的 Less 文件，此外有一个名为 variables.less
的文件。后者是更改 Bootstrap 中任意组件样式时所需修改的文件。
该文件的开头部分如代码清单 4-21 所示，其中变量@brand-success
已通过在线自定义工具进行了更改。

代码清单 4-21：variables.less 文件的开头

```
/
// Variables
// --------------------------------------------------
```

```
//== Colors
//
//## Gray and brand colors for use across Bootstrap.

@gray-base:          #000;
@gray-darker:        lighten(@gray-base, 13.5%);  // #222
@gray-dark:          lighten(@gray-base, 20%);    // #333
@gray:               lighten(@gray-base, 33.5%);  // #555
@gray-light:         lighten(@gray-base, 46.7%);  // #777
@gray-lighter:       lighten(@gray-base, 93.5%);  // #eee

@brand-primary:      darken(#428bca, 6.5%);       // #337ab7
@brand-success:      #5cb85c;
@brand-info:         #5bc0de;
@brand-warning:      #f0ad4e;
@brand-danger:       #d9534f;
```

完成所有更改后，Grunt 负责将 Less 代码编译到最终的 CSS 文件中。第 6 章详细介绍如何使用 Grunt 运行此类构建任务，但如果已经设置好该工具，只需要输入 grunt dist，即可生成更新后的 CSS 文件。

4.6　Visual Studio 2017 和 ASP.NET Core 中的 Bootstrap 支持

正如你可能已经注意到的那样，Bootstrap 为其所有样式和组件使用了大量的 CSS 类和 HTML 代码片段。如果没有优秀的自动完成功能和代码片段库，开发者将不得不依赖记忆力和文档。

Visual Studio 通过提供 CSS 自动完成功能获得助力，该功能可显示 Bootstrap 中可用的所有类，如图 4-18 所示。

Visual Studio 2017 还包含一个优秀的代码片段库，开发者可以在其中保存最常用的代码片段。Visual Studio 中的代码片段功能非常强大，因为它们清楚地标出哪些部分是固定的，哪些部分(通常只是名称或 ID)可以更改。

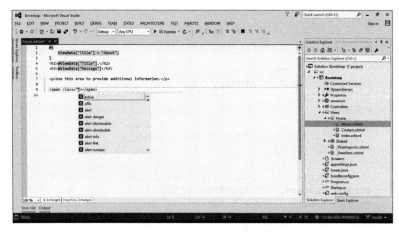

图 4-18　Bootstrap 自动完成

Visual Studio 没有附带 Bootstrap 片段，但它可以感知项目是否使用 Bootstrap 并给出可能提供帮助的第三方扩展程序，如图 4-19 所示。Visual Studio 建议安装以下两个扩展程序：

- Bootstrap Snippet Pack
- Glyphfriend

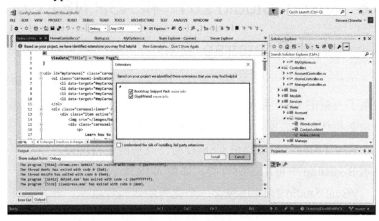

图 4-19　推荐的第三方扩展程序

4.6.1　Bootstrap Snippet Pack

顾名思义，该扩展程序是一个包含 30 个以上代码片段的集合，只需要将它们从 Visual Studio 工具箱中拖出，即可添加到 HTML 页面中(请参见图 4-20)。

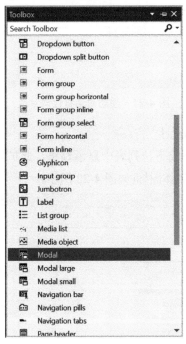

图 4-20　Bootstrap Snippet Pack 工具箱

大多数 Bootstrap 组件都是由长段 HTML 代码组成的，其中大部分必须按原样复制，只需要更改几个字符串。因为可以修改的字符串被明确标出，并且可以使用 Tab 键在它们之间循环切换，开发工作变得非常容易。

例如，在模态对话框的代码片段(代码清单 4-17)中，唯一需要定制的字符串是 ID、标题、内容和两个按钮的文本。如图 4-21 所示，这些字符串被突出显示以便识别。

157

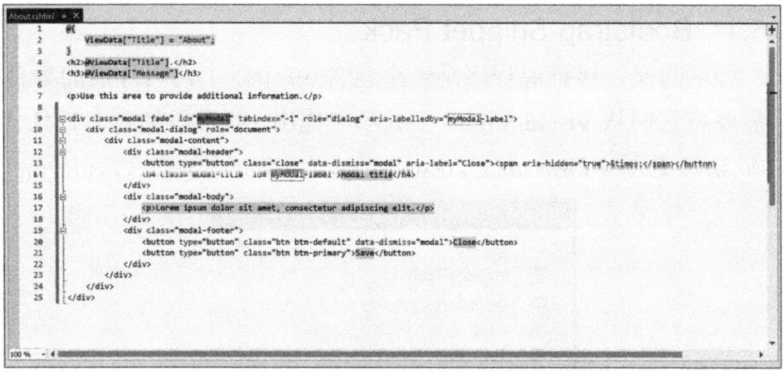

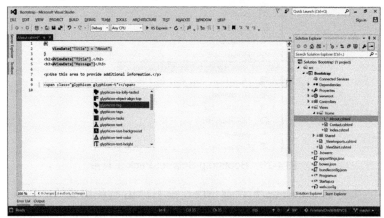

图 4-21　模态对话框代码片段

4.6.2　Glyphfriend

通过在自动完成下拉列表中显示预览，此扩展程序可以帮助选择 Bootstrap 中的字体图标(如图 4-22 所示)。

图 4-22　自动完成下拉菜单中的字体图标

该扩展不限于 Bootstrap。它支持其他所有 Font Awesome 图标，以及 Ionic、Foundation、IcoMoon 和 GitHub 的 Octicons。它其至能在将 Visual Studio 作为 markdown 语法编辑器使用时，支持 Emoji 表情符号。

4.6.3 ASP.NET Core 的标签帮助程序

另一种有助于更容易地编写 Bootstrap 组件的方法是 ASP.NET Core 标签帮助程序。标签帮助程序是可以在运行时呈现任意 HTML 标记的自定义标签。

遗憾的是，没有能为所有 Bootstrap 组件提供帮助程序的库，但是有一个社区驱动的帮助程序项目，其中包括 Alert(警告)、ProgressBar(进度条)和 Modal Dialog(模态对话框)组件的帮助程序。该库可以从 NuGet 中下载，库名为 TagHelperSamples.Bootstrap。以模态对话框为例，使用该库提供的标签帮助程序，冗长的 HTML 代码片段成为代码清单 4-22 中所示的几行代码。

> **代码清单 4-22：使用标签帮助程序的模态对话框 (Views\Home\Index.cshtml)**

```
<button type="button" class="btn btn-primary" bs-toggle-
modal="simpleModal">
    Launch modal
</button>
<modal id="simpleModal" title="Modal Title">
    <modal-body>
        <h4>Something happened</h4>
        <p>Something happened</p>
    </modal-body>
</modal>
```

在对话框触发器中添加了一个 bs-toggle-modal 属性，用于指定要打开的模态对话框名称。显然，此时必须使用<modal>标签定义模态对话框。如代码清单 4-22 所示，对话框的实际内容置于<modal-dialog>标签中。可选择使用<modal-footer>来指定对话框的其他按钮。

如果还需要其他 Bootstrap 组件的帮助程序，也可以随时自行编写。如第 1 章所述，编写标签帮助程序并不是特别困难。如果只是为了满足自己的特定需求而开发，而不是向社区发布代码，以覆盖所有可能场景为目的，情况更是如此。

　　作为说明为 Bootstrap 构建一个简单标签帮助程序有多么容易的示例，代码清单 4-23 展示了一个 Alert 标签帮助程序的简化版本，它是上述 Bootstrap 标签助手库的一部分。

代码清单 4-23：简化的 Alert 标签帮助程序
(TagHelpers\AlertSimpleTagHelper.cs)

```
using System.Threading.Tasks;
using Microsoft.AspNet.Razor.TagHelpers;

namespace AlertTagHelper.TagHelpers
{
    [HtmlTargetElement("alert")]
    public class AlertSimpleTagHelper : TagHelper
    {
        [HtmlAttributeName("type")]
        public string AlertType { get; set; }
        public override void Process(TagHelperContext context,
        TagHelperOutput output)
        {
            output.TagName = "div";
            var cssClass = "alert alert-"+AlertType;
            output.Attributes.Add("class", cssClass);
            output.Attributes.Add("role", "alert");
        }
    }
}
```

　　该帮助程序与标记 <alert type="danger">Something Went Wrong!</alert>一起使用，这比编写代码清单 4-14 的 Bootstrap 组件所需的代码片段要简洁得多。

4.7 本章小结

　　通过应用 UX 和自适应设计中的所有最佳实践，Bootstrap CSS 使得即使是非设计人员，也可以十分简单地构建一个引人注目的用户界面。为使 Bootstrap 在外观上更适合你的应用程序，可选用社区提供的几个可用主题，对于非常特殊的情况，Bootstrap 的所有内容均可使用 Less 很容易地定制。尽管有时 Bootstrap 有点冗长，但 Visual Studio 提供了一些可简化其工作的工具，如果你更喜欢在服务器端代码背后抽象客户端代码片段，ASP.NET Core 的标签助手允许定义自己的服务器端标签。

第 **5** 章

使用 NuGet 和 Bower 管理依赖关系

本章主要内容：

- 包管理器简介
- NuGet、Bower 和 NPM 的用法介绍
- 如何重新分发组件
- Visual Studio 2017 中对包管理器的支持

前面的章节已经说明，现代软件开发(包括前端和服务器端)基于小型而非常集中、可根据需要进行组合的组件。

遗憾的是，尽管摆脱过去的大一统框架是件好事，但这种新方法引入了一个问题：要如何管理所有这些组件？组件通常依赖于其他一些组件，被依赖的组件又依赖于一些其他组件，而最后这些组

件又依赖于……相信你已经知道了问题所在。而使问题变得更困难的是，可能有一个组件，在此称为 A，它依赖于组件 B，但还有另一个组件 C 也依赖于 B，但依赖的是 B 的另一个版本。除此之外，所有组件都必须保持最新。最后，在某些情况下，要正确安装组件可能还需要执行其他操作,例如编译某些本地库或更改某些配置文件。

幸运的是，所有这些任务都可通过称为包管理器(package manager)的专用工具自动完成。在 ASP.NET Core MVC 进行前端开发环境中，需要了解三个包管理器：

- 用于管理.NET 库的 NuGet
- 用于管理客户端(JavaScript 和 CSS)库的 Bower
- 用于管理开发过程中所用工具的安装的 NPM

本章余下部分将介绍如何使用这三个包管理器，以及如何将组件发布为软件包。但在学习每种工具的细节前，还需要了解适用于所有包管理器的一些概念。

本章代码下载

本章的相关代码可通过网站 www.wrox.com 下载。搜索该书的 ISBN(978-1-119-18131-6)，可在第 5 章的下载部分找到对应代码。

5.1 共同概念

所有包管理器，除了因为其所面向的不同技术或语言所导致的明显差异之外，实际上都是相同的。以下是它们的共同概念：

- 它们都依赖一个包含所有已发布软件包的公共注册表。该注册表中可能还会存储实际的软件包，也可能只提供可下载软件包的 URL。
- 下载软件包并存储在一个本地文件夹中，用于充当本地缓存；本地文件夹位于当前文件夹中。这样，当一个项目需要一个已经下载的包时，它会直接从缓存中复制而不必再次下载(假定缓存中是最新的版本)。这节省了带宽和时间(尤其是在每次生成项目期间都恢复包时)。它还能够在一定程度上提供离线开发功能，否则是不可能实现的。

- 项目声明它们依赖哪些第三方库。该功能通常通过在 JSON文件中指定包的名称及其版本实现。
- 包管理器不仅要下载项目的依赖关系，还要下载它们依赖的库，自顶向下遍历整个软件包树。

了解这些基本的共同概念后，接下来即可学习称为 NuGet的.NET 包管理器。

5.2　NuGet

NuGet 是.NET 库的包管理器。自 2010 年起，Visual Studio 中就包含了它。对于 Visual Studio 2017 和 ASP.NET Core，情况发生了一些变化。之前它用于管理所有内容，而现在由于 Bower 的引入，它的应用范围仅限于.NET 库。

注意

从技术角度看，NuGet 仍然可以制作客户端软件包，但软件包浏览器将自动识别，并指示用户在 Bower 中查找同一个软件包，如图 5-1 所示。

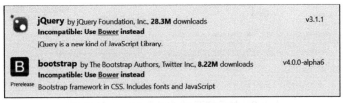

图 5-1　NuGet Package Manager 中显示仅适用客户端的软件包

虽然 NuGet 可能已经失去对客户端软件包的支持，但随着.NET Core 的推出，它又获得了一个重要的新特性，从而成为所有系统库的交付方法。

NuGet 简史

在 2008 年举办的 ALT.NET 西雅图会议上，由 Scott Hanselman 领导的一个会议小组讨论了如何通过使库更易于找到、下载和安装，来鼓励.NET 开发者使用开放源代码。

当时人们讨论了重用 ruby-gem 基础设施以交付库，但最终同意建立一个更接近.NET 工具集的类似工具。一些开源项目就从那天开始启动。其中之一最初称为 NuPack，后来成为今天人们熟知的 NuGet。

5.2.1 使用 NuGet 获取软件包

可以通过多种方式安装 NuGet 软件包。具体选择使用哪种方式，则取决于包管理器的使用环境和个人偏好。

1. 使用 Package Manager 图形界面

第一种获取软件包的可选方式是使用 Package Manager 图形界面。它可以在 Visual Studio 中通过主菜单 Tools | NuGet Package Manager 访问，或者右击 Solution Explorer 窗口中解决方案树的 Dependencies 节点。这两个选项都显示在图 5-2 中。

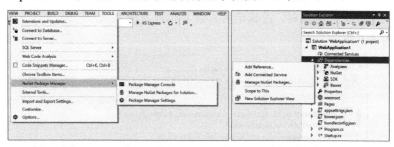

图 5-2　如何打开 NuGet Package Manager

在该图形界面中(如图 5-3 所示)，可以搜索软件包并将其安装到当前项目中，还可选择安装的版本。

图 5-3　NuGet Package Manager 的图形界面

2. 使用 Package Manager Console

如果你更喜欢使用命令行工具,第二种可选的获取包方式(仍在 Visual Studio 中)是使用 Package Manager Console,通常它位于 Visual Studio 窗口底部。如果该窗口尚未开启,可以通过 Tools|NuGet Package Manager 菜单打开。

在该窗口中,可使用一些命令查找软件包并将其安装到项目中。

- 使用 Find-Package -Id Json 查找软件包,该命令的输出如图 5-4 所示。
- 使用 Install-Package Newtonsoft.Json 安装一个新软件包。
- 使用 Get-Package 列出所有已安装的软件包。
- 使用 Uninstall-Package Newtonsoft.Json 卸载一个已安装的软件包。

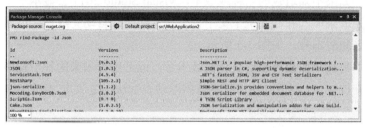

图 5-4　NuGet Package Manager Console

3. 手动编辑.csproj 项目配置文件

最后一种可选方式是直接编辑 csproj 项目配置文件。

在.NET Core 项目中引入的新.csproj 项目配置格式包含许多不同的区段(section)，但在此感兴趣的部分是包含<PackageReference>元素的<ItemGroup>区段，该部分用于指定项目依赖哪些包及其版本。一个 2.0 版本的示例 ASP.NET Core 项目的.csproj 项目文件如代码清单 5-1 所示。如第 1 章所述，它只包含对 Microsoft.AspNetCore.All 元数据包的引用。

代码清单 5-1：示例 ASP.NET Core 项目配置文件

```
<Project Sdk="Microsoft.NET.Sdk.Web">

  <PropertyGroup>
    <TargetFramework>netcoreapp2.0</TargetFramework>
  </PropertyGroup>

  <ItemGroup>
    <PackageReference Include="Microsoft.AspNetCore.All" Version=
    "2.0.0" />
  </ItemGroup>

  <ItemGroup>
    <DotNetCliToolReference Include="Microsoft.VisualStudio.
    Web.CodeGeneration.Tools" Version="2.0.0" />
  </ItemGroup>

</Project>
```

如果不知道包的名称或版本，Visual Studio 2017 会显示一个自动完成菜单，并在此上下文中提供搜索功能。自动完成功能可用于包名和版本号，如图 5-5 所示。

另外，如果不知道具体的版本号，或希望为未来的补丁程序预留开放接口，则可以使用版本范围浮动表示法指定版本，例如 8.0.*。

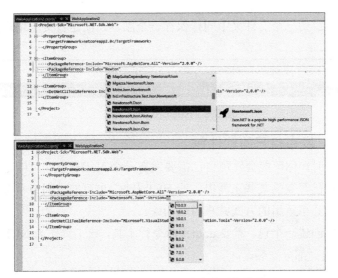

图 5-5　在.csproj 项目文件中使用智能提示

软件包引用的自动完成功能

截止本书出版时，Visual Studio 2017 中可能尚不具备对软件包引用的自动完成功能，但 Visual Studio 扩展程序"Project File Tools(项目文件工具)"中提供了此特性，可从 https://marketplace.visualstudio.com/items?itemName=MS-madsk.ProjectFileTools 下载该程序。

4. 安装软件包后发生的行为

与以前版本的 NuGet 相比，一个很大的不同之处在于安装一个软件包，只意味着在.csproj 项目文件中添加一个新条目。另外，使用 Package Manager 图形界面或控制台时，不会下载任何内容。它们也只是在文件内写入包 ID 和版本。

只要.csproj 文件发生更改，Visual Studio 就会启动.NET Core CLI 并运行 restore 命令(如图 5-6 所示)。正是该跨平台工具连接到 nuget.org 服务器，下载软件包并将它们保存在用户文件夹(C:\Users\user\.nuget\packages\)中。与以前版本的 NuGet 不同，软件包不会在当前项目的一个文件夹中同样保存一个副本，而是直接从用户文件夹引用。

图 5-6 Restore 操作通知

5.2.2 发布自己的软件包

有时，你可能会发现自己需要发布一个 NuGet 包，可能是因为想将自己开发的某些东西提供给.NET 社区，也可能是因为希望以一种便于同事重用的方式共享自己的库。

要创建一个包，需要 dotnet 命令行工具，该工具作为.NET Core SDK 的一部分安装。

1. 添加包的元数据

要构建 NuGet 包，需要指定一些元数据：作者的详细信息，包的名称和版本，项目的各种 URL 以及包所需的依赖关系列表。元数据直接添加到.csproj 文件中，如代码清单 5-2 所示。

代码清单 5-2：webapplication.csproj 的元数据

```
<Project Sdk="Microsoft.NET.Sdk">

  <PropertyGroup>
    <TargetFramework>netcoreapp2.0</TargetFramework>
    <PackageId>Wrox.Book</PackageId>
    <PackageVersion>1.0.0</PackageVersion>
    <Authors>Simone Chiaretta</Authors>
    <Description>Show the title of the book</Description>
    <PackageReleaseNotes>First release</PackageReleaseNotes>
    <Copyright>Copyright 2017 (c) Wrox</Copyright>
    <PackageTags>book title wrox</PackageTags>
    <PackageProjectUrl>http://example.com/Wrox.Book/<
    /PackageProjectUrl>
    <PackageIconUrl>http://example.com/Wrox.Book/32x32icon.
    png</PackageIconUrl>
    <PackageLicenseUrl>http://example.com/Wrox.Book/
```

```
  mylicense.html</PackageLicenseUrl>
  </PropertyGroup>

</Project>
```

2. 创建软件包

设置完所有元数据后，只需要转到项目的根文件夹(即.csproj 文件所在的位置)，然后输入 dotnet pack -c Release。此命令将收集.csproj 文件中的所有依赖关系项和元数据，将它们复制到 NuSpec(NuGet 定义文件)文件中，为所有支持的框架生成项目，并将所有内容打包保存在 bin/Release(或 bin/Debug)中的 NuGet 包文件中。

接下来，如果使用 NuGet Package Explorer(NuGet 包浏览器)打开刚才创建的包，即可看到包中包含的所有属性和文件(如图 5-7 所示)。

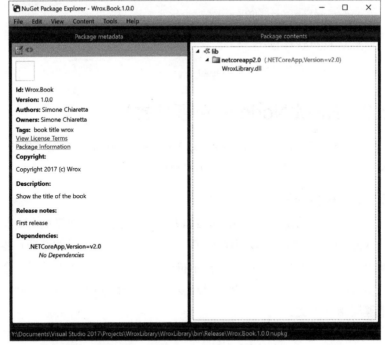

图 5-7　NuGet Package Explorer

3. 将包发布到 NuGet.org Gallery

如果希望将包发布到一个内部存储库，可以将该文件复制到该文件夹(或使用自己的方法)，但是如果希望该包可供.NET 社区中的任何人使用，则必须将其发布到官方存储库 NuGet.org Gallery 中。为了实现这一点，需要执行两步操作：

- 下载 NuGet 命令行实用程序(也可以在 Package Manager Console 中，使用 Install-Package NuGet.CommandLine 命令下载该实用程序)。
- 在 NuGet.org Gallery 中创建一个账户。

完成以上两步后，需要注册一个用于将软件包与账户关联的 API 密钥：

```
nuget setApiKey 你的 API 密钥
```

然后发布软件包：

```
nuget push 你的软件包名.nupkg
```

5.3 NPM(Node.js 包管理器)

NPM 即 Node.js 包管理器。在 ASP.NET Core 前端开发环境中，NPM 主要用于安装开发工具和实用程序。

5.3.1 安装 NPM

如果使用的是 Visual Studio 2017，则可能已经在计算机上安装了 NPM(在 VS2017 安装程序中有一个安装 Node.js 工具的选项)。要检查它是否已安装，可在命令提示符中输入 npm -v。如果显示一个版本号(例如 4.1.1)，则 NPM 已经安装，可以跳到下一节。否则，请继续阅读下文。

最好的方法是通过 Node.js 安装程序安装 NPM。Node.js 最近更改了其版本号和发布策略，现在它们提供了两个通道：

- LTS(Long-Term Support，长期支持)版本在生产环境中具备支持服务，每年都会发布一个重要版本，并且有一年半的额外维护期。
- 稳定版本是最新的稳定版本，没有生产环境支持服务，但发布更频繁(每六个月发布一次主要版本)。

对本书而言，最新的 LTS 已经能够满足使用需要。

安装 Node.js 后，请确保使用 npm install npm -g 进行升级，以获得最新版本的 NPM。

5.3.2　NPM 的用法

可通过两种方式来安装 NPM 软件包。可直接使用命令行工具，如果在 Visual Studio 中，也可以编辑 package.json 文件，安装过程将如同安装 NuGet 包一样自动进行。

1. 使用 NPM 命令行

NPM 命令行是对 NPM 所有特性的主要访问方式。其中最重要的命令是：

- npm install 将还原 package.json 文件中指定的包。
- npm install *<package-name>* 安装命令中指定的软件包。
- npm init 可帮助创建一个初始的 package.json 文件，其中包含一些默认值。
- npm update 将把依赖关系更新为最新版本。

Install 命令有几个应该了解的开关选项。第一个是-g，它用于将软件包作为一个全局(global)包安装。该选项主要用于使用 Node.js 构建的命令行工具，如 NPM 本身或 Bower。

另外两个选项--save(也可使用-S)和--save-dev(也可使用-D)，将把安装的软件包保存在 package.json 文件中，从而不必手动更新该软件包。第一个选项将把该软件包保存为一个应用程序依赖项，而后者将其保存为一个开发依赖项。对于 ASP.NET Core 项目环境，NPM 仅用于工具，而不用于实际应用程序本身，因此仅使用 --save-dev 开关。

在默认 ASP.NET Core 应用程序中添加 NPM(例如启用 gulp 支持)时，随附的一个 package.json 示例如代码清单 5-3 所示。可以看出，只有 devDependencies 部分包含软件包。在本例中，它们是任务运行器 gulp 以及它的一些任务。

代码清单 5-3：Package.json

```
{
  "name": "app",
  "version": "1.0.0",
  "private": true,
  "devDependencies": {
    "del": "^2.2.2",
    "gulp": "^3.9.1",
    "gulp-concat": "^2.6.1",
    "gulp-cssmin": "^0.1.7",
    "gulp-htmlmin": "^3.0.0",
    "gulp-uglify": "^2.0.0",
    "merge-stream": "^1.0.1"
  }
}
```

2. 在 Visual Studio 中使用 NPM

虽然没有类似 NuGet 的 Package Manager 图形界面，但 Visual Studio 对 NPM 仍然有着良好的支持。

可在 Visual Studio 中直接编辑 package.json 文件，并且与 NuGet 一样，可以自动完成软件包名称和版本号。如图 5-8 所示，将鼠标悬停在包名上时，同样会出现更详细的工具提示。也可以通过弹出式菜单执行一些基本操作。

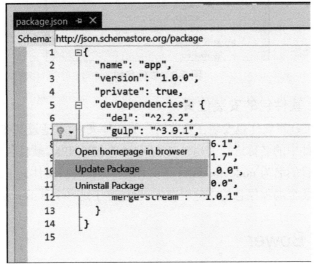

图 5-8　用于 package.json 的 IntelliSense 扩展程序

　　保存该文件后，Visual Studio 将立刻启动上一节中介绍的 npm install 命令，并安装软件包。另一个不错的功能是 Solution Explorer (解决方案资源管理器)中的依赖关系树，它显示了包以及它们之间的依赖关系(如图 5-9 所示)。

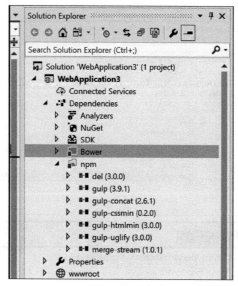

图 5-9　软件包树

5.3.3　软件包的安装位置

NuGet 将软件包安装在当前用户的文件夹中，并通过其在.csproj 项目文件中的名称进行引用；与 NuGet 不同，NPM 软件包直接安装在项目的名为 node_modules 子文件夹中。在用户文件夹下的一个用于安装全局程序包的本地缓存中，也保存了这些文件的一份副本。

5.4　Bower

使用 NuGet 可添加服务器端依赖项，NPM 用于工具，而 Bower 则用于添加客户端库。但除了这一显著差异之外，它与另外两个包管理器的工作模式基本类似。

Bower 的命运

Visual Studio 模板附带有 Bower 的客户端引用，因此本章介绍了它的使用方式。但是 Bower 项目的维护者已经在他们的 GitHub

存储库上发布了一个提示，建议在新项目中使用 Yarn(一个第三方 npm 客户端)和 webpack(在第 3 章中提到并在第 6 章中详细介绍了该工具)。

5.4.1　安装 Bower

如果尚未使用 Visual Studio 安装 Bower，而准备在 Visual Studio Code 或任何其他 IDE 中使用它，则此时应安装 Bower。该操作通过使用 NPM 的 npm install bower –g 命令完成。

为使用 Bower，还必须安装 git。这是 Bower 和其他系统之间的一个重要区别。虽然在 http://bower.io/search/处还有一个用于列出软件包名称的中央存储库，但该库并不存储软件包，而是从 GitHub 或其他 git 端点直接检索这些软件包。鉴于此，它需要 git 以获取实际软件包。

5.4.2　使用 Bower 获取软件包

类似于 NuGet 和 NPM，可以通过几种不同的方式安装 Bower 软件包。可以使用命令行工具获取软件包，该工具是 Bower 的原生界面，并具有最完整的功能集。如果在 Visual Studio 中使用 Bower，则可以使用 Package Manager 安装软件包，也可以直接编辑名为 bower.json 的依赖关系配置文件。

1. 使用 Bower 命令行

Bower 的命令行工具是与 Bower 交互的最灵活的标准方式。它不仅可以安装、更新和删除软件包，还可以在中央存储库上注册软件包。也可以使用本地缓存执行任何类型的包管理操作，而不必通过网络进行，该特性在飞机上拯救了笔者好几次。

Bower 的命令格式基本与 NPM 相同：

- bower install 将安装 bower.json 文件中定义的所有软件包。

- bower install <*包名*>将安装指定的软件包。其中包名可以是一个已注册的软件包、一个 URL 或一个 git(或 svn)端点。
- bower update 将更新已安装的软件包。
- bower uninstall <*包名*>将卸载指定的软件包。
- bower init 将创建一个新的 bower.json 文件。

与 NPM 中相同的是，在 Bower 中也可以通过指定--save 选项将一个软件包自动加入 bower.json 文件以节约时间。

2. 在 Visual Studio 中使用 Bower Package Manager 图形界面

如果使用的是 Visual Studio，则可以搜索包并使用包管理器直接安装它们。这与 NuGet 完全相同，只是列出的是 Bower 软件包(如图 5-10)。可以通过右击 Solution Explorer 中的项目根目录，并选择 Manage Bower Packages 菜单项打开此窗口。

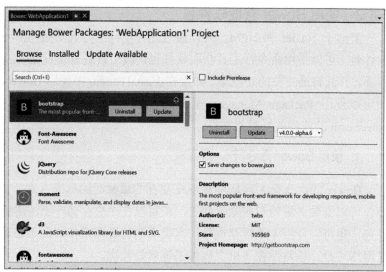

图 5-10　Bower Package Manager

3. 编辑 bower.json 文件

与其他包管理器一样，手动编辑并保存定义文件将触发自动安装。此时 Visual Studio 将启动 bower install 命令。

在 Bower 中，同样 IntelliSense 将帮助自动完成软件包名称和版本。

bower.json 文件的格式类似于 NPM 的 package.json，如代码清单 5-4 的默认 ASP.NET Core 项目配置文件所示。

代码清单 5-4：bower.json

```
{
  "name": "asp.net",
  "private": true,
  "dependencies": {
    "bootstrap": "3.3.6",
    "jquery": "2.2.0",
    "jquery-validation": "1.14.0",
    "jquery-validation-unobtrusive": "3.2.6"
  }
}
```

5.4.3　软件包的安装位置

了解 NuGet 和 NPM 软件包的确切位置并不重要，因为它们是通过工具自动找到的。但是，了解 Bower 软件包的位置则非常重要，因为它们通常是必须手动包含或链接到 Web 应用程序的 JavaScript 或 CSS 文件。

通常，软件包安装在名为 bower_components 的子文件夹中，但考虑到 ASP.NET Core 应用程序的行为方式，从 ASP.NET Core 项目内安装的 Bower 软件包的默认位置是 wwwroot/lib。由于 ASP.NET Core 应用程序的根目录是 wwwroot 文件夹，因此所有包都可在 libs 文件夹中使用。例如，bootstrap 包将使用该引用方式链接：

```
<link href="lib/bootstrap/dist/css/bootstrap.css" rel=
"stylesheet"/>.
```

这可能不是最好的方法，因为 Bower 包是与 git 存储库一起卜载的，后者包括文档、示例，有时还包括构建用文件(如 Less 或 Sass 脚本)。部署网站时，可能不希望将所有这些文件纳入生产用应用程序中。这种情况下，可能需要删除.bowerrc 文件(其中定义了软件包的下载位置)，以将软件包再次下载到 bower_components。然后可以手动或通过构建过程，仅将需要的文件移动到 wwwroot/lib 文件夹中。

5.4.4　创建自己的软件包

在需要共享 JavaScript 或 CSS 库时，并不需要太多工作量。实际上，如果只是希望在公司内共享库文件，甚至是不必在存储库中注册的前提下与全世界共享库文件，只要已经有了 bower.json 文件，就不需要做任何事情。

如果希望在公共存储库中注册软件包，则还需要做一些工作：

- 推荐加入其他一些元数据。可使用 description、moduleType 来指定库与应用程序的交互方式，使用 main 列出库的入口点(必须包含在 HTML 文件中的入口点)，使用 ignore 列出 git 存储库中的在安装软件包时不需要复制的文件夹和文件。
- 软件包必须存储在 git 存储库中，并且必须可公开访问。
- 版本必须用 git 标签进行标记，命名遵循 semver(Semantic Versioning，语义版本)模式(例如 v1.0.0-beta)。

满足这些前提条件后，就可以通过调用以下命令在官方存储库中注册该包：

```
bower register <包名> <git 端点>
```

5.5　本章小结

从大一统框架方法转向小型、专用库方法需要解决查找、安装和管理依赖关系的问题。包管理器非常有效地解决了这个问题。

在本章中，学习了 ASP.NET Core 应用程序中使用的三种类型的包：用于.NET 库的 NuGet，用于开发工具的 NPM，以及用于客户端依赖项的 Bower。

除了 NuGet 之外，其他两种都不是微软生态系统的"原生"产品。它们被集成到 Visual Studio 中，这使得不习惯命令行工具的开发者也可以轻松使用它们。

最后，还介绍了如何简单地使用包管理器在开发者社区(或仅在组织内)共享自己开发的库。

第 6 章

使用 gulp 和 webpack 构建应用程序

本章主要内容：

- 构建自动化系统的作用
- webpack 介绍
- gulp 深度介绍
- Visual Studio 2017 如何与 gulp 和构建系统集成

构建/生成(build)系统在服务器端软件开发业界已有多年的应用历史，从用于编译 C/C++代码的 make 文件和 20 世纪 80 年代和 90 年代的简单批处理文件开始，随着 2000 年初 Java 的 Ant 的出现，逐渐发展为基于任务的系统。并且随着 Ant、NAnt 和稍后的 MSBuild 的诞生，最终将基于任务的构建自动化系统带入.NET 中。

就在不久前，前端开发还不需要像服务器端开发那么多构建步骤，但随着基于 JavaScript 的应用程序复杂性的增加，前端专用的构建系统也开始出现。

本章涵盖 gulp 和 webpack，它们是众多用于前端开发的构建自动化系统中的两种。本章还介绍 Visual Studio 2017 的一些能使这两种系统更易用，并更紧密地与 IDE 集成的特性。

在接触这些工具的实际使用前，需要首先了解前端构建环境中执行的典型操作。

本章代码下载

本章的相关代码可通过网站 www.wrox.com 下载。搜索该书的 ISBN(978-1-119-18131-6)，可在第 6 章的下载部分找到对应代码。

6.1 前端构建系统的作用

在服务器端的编译语言环境中，构建系统用于将代码编译为二进制文件、运行测试、计算度量标准，以及执行从开发到产品安装阶段的配置文件转换。其他典型操作包括四处移动文件和创建发行文件。

前端构建系统的使用原因与服务器端构建系统的使用原因有些类似，因为即使是前端开发，也需要将代码文件"编译"为"二进制文件"(例如从 Less 或 Sass 编译为 CSS，或从 TypeScript 编译为 JavaScript)，或者运行 JavaScript 测试套件或度量工具包(例如 JSLint)。但是，前端开发还需要执行一些专门针对 JavaScript 和 CSS 的开发任务，并且不仅仅需要在最终发布期间执行这些任务，还需要在开发阶段执行它们。此类任务的一个例子是自动包含对 Bower 文件的引用。另一个例子是精简和合并 JavaScript 及 CSS 文件，以减少客户下载的文件的大小和数量。

本章其余部分将介绍如何执行一些最常见的任务。将展示如何执行以下任务：

- 自动包含对 Bower 包的引用。
- 将 Sass 文件编译为 CSS。
- 将 TypeScript 编译为 JavaScript。
- 合并和精简 JavaScript 和 CSS 文件。
- 运行 JSLint 以检测 JavaScript 问题。
- 在检测到文件中的更改时，执行任务并且自动重新加载浏览器。

用来展示如何执行这些任务的工具是 gulp，因为它是.NET 社区最倾向使用的工具。本章 6.3 节还对 webpack 进行简单介绍；第 3 章中已经简要提到过该工具，因为它被 Angular Command Line(Angular 命令行)工具所使用，且在前端开发社区中产生了很大的影响力。

6.2　gulp 深度介绍

第一种 JavaScript 任务运行程序(task runner)是 Grunt，尽管其用户群较大，但由于 gulp 的出现，其采用率不断下降，开发 gulp 的目的是为了克服 Grunt 中存在的问题。这两种工具的实现途径差距非常大。gulp 是基于代码，而非如 Grunt 一样基于配置。gulp 构建过程的各个步骤由 Node.js 流连接在一起，其中一个步骤的输出作为下一个步骤的输入。这就是将它称为"流式构建系统"的原因。

6.2.1　gulp 入门

必须通过 npm 命令安装 gulp。首先安装命令行工具：

```
npm install --global gulp-cli
```

然后，在项目的文件夹内，再次利用 npm 命令安装 gulp 包本身：

```
npm install gulp --save-dev
```

6.2.2　gulpfile.js 文件

如前所述，使用 gulp 进行自动化的构建是利用代码，而非通过配置一系列任务完成的。因此，gulpfile.js 看起来像一个标准 Node.js 代码文件。

gulpfile.js 文件的开头是初始化 gulp 库本身以及将在构建脚本中使用的所有插件和模块。该操作是通过使用 Node.js 的 require()函数完成的。

```
var gulp = require("gulp"),
    del = require("del"),
    concat = require("gulp-concat"),
    cssmin = require("gulp-cssmin"),
    uglify = require("gulp-uglify");
```

加载所有外部库后，就可以使用 gulp 的 API 来开发构建过程。gulp API 中只有四种顶层方法。其中两种用于定义任务的入口点，另两种用于表示输入文件夹和输出文件夹。

task 方法定义一个 gulp 任务，其参数如下：

- name，该任务的名称。
- deps，一个可选的数组，其中包含该任务所依赖的(并且必须在该任务运行之前完成的)其他任务。
- fn，要执行的功能。

该方法的调用示例如下：

```
gulp.task("dist", ["build"], function(){
  //do something after the build task has run
});
```

如果启动 gulp 过程而未指定任何任务，将执行名为 default 的任务。

```
gulp.task("default",["dist","build"])
```

需要着重提及的一点是，为获得最大并发性，将执行所有任务，这意味着所有任务将并行启动。如果需要以特定顺序执行任务，除了使用参数 deps 指定依赖关系外，任务的函数还必须具有“提示”，在其作业完成时告知系统。这可通过接受回调函数、返回一个流对象或返回一个 promise 对象实现。

gulp.watch()

watch 方法用于在指定文件更改时运行任务或函数。其参数如下：
- glob：一个字符串或一个字符串数组，代表所监视的文件，字符串中可使用命令行工具中通常使用的典型通配符(例如 scripts/*.js)。
- opts：用于配置监视进程的选项，例如用于指定变更检查频率的 interval，或用于指定在多个变更连续、快速发生时，延迟执行的 debounceDelay。
- tasks：要执行的任务数组。
- cb：要执行的回调函数。

tasks 和 cb 两个参数不能同时指定。因此，存在两种 watch 方法的变种。其中之一是指定要运行的任务：

```
gulp.watch("js/*.js",["jshint"])
```

另一个版本是执行一个函数：

```
gulp.watch('js/*.js', function(event) {
  console.log('File ' + event.path + ' was ' + event.type);
});
```

gulp.src()

该方法通常是各个任务的起点。它会返回一个文件流(因此称为“流式构建系统”)，可将该文件流传送到组成任务的各种插件中。如果希望将任务作为另一个任务的依赖项，则该流必须是由前者的函数返回的。

```
return gulp.src("js/*.js")
  .concat(...)
  .pipe(uglify())
  .pipe(gulp.dest("lib"));
```

此方法用作 pipe 方法内的函数。它接受流并将文件写入指定的
文件夹。

```
.pipe(gulp.dest("lib"));
```

6.2.3　典型 gulp 构建文件

接下来将介绍如何通过实现一个典型的构建文件，将所有这些
信息付诸实践。这需要执行几个步骤，但核心方面包括以下内容：

(1) 检查 JavaScript 文件是否存在可能的错误。

(2) JavaScript 文件和 CSS 文件被连接成一个文件。

(3) 连接后的 JavaScript 文件被精简。

示例文件结构如图 6-1 所示。

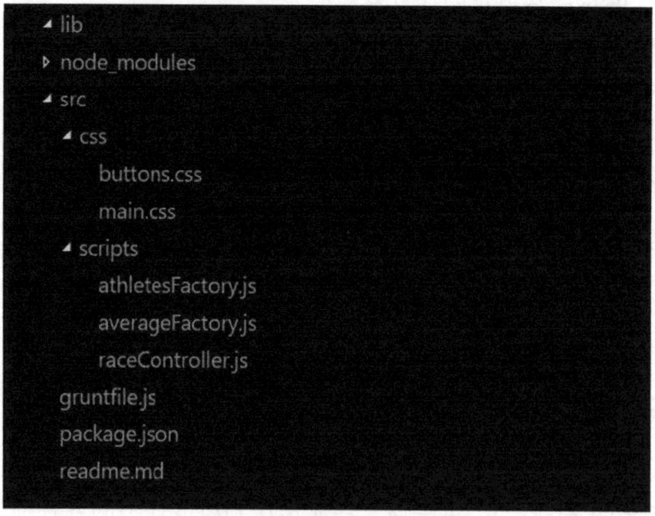

图 6-1　项目的文件结构

首先，需要安装插件，通常利用 npm install ... --save-dev 形式：

- gulp-concat 用于将多个文件连接成一个。
- gulp-uglify 用于精简 JavaScript 文件。
- gulp-cssmin 用于精简 CSS 文件。
- del 是一个标准的深度删除 npm 包。

在构建过程中，首先要删除旧工件，然后完成其余工作。

```
gulp.task("clean", function() {
  return del("lib/*");
});
```

下一步是脚本和 CSS 文件的连接和精简。

使用以下任务处理脚本：

```
gulp.task("minjs", ["clean"], function(){
  return gulp.src("src/scripts/*.js")
    .pipe(concat("all.min.js"))
    .pipe(uglify())
    .pipe(gulp.dest("lib"));
});
```

多个 JavaScript 文件被读入内存，并被连接为一个 all.min.js 文件
(仍在内存中)。接下来这个文件被精简并最终保存到 lib 文件夹中。

只需要使用 cssmin 替换上面脚本中的 uglify，即可精简 CSS 文
件(gulp 有一个单独的插件完成该功能)。

```
gulp.task("mincss", ["clean"], function(){
  return gulp.src("src/css/*.css")
    .pipe(concat("styles.css"))
    .pipe(cssmin())
    .pipe(gulp.dest("lib"));
});
```

包含所有 require 语句和默认任务定义的 gulpfile.js 文件如代码
清单 6-1 所示。

代码清单 6-1：gulpfile.js

```
var gulp = require('gulp'),
    del = require('del'),
```

```
      concat = require('gulp-concat'),
      cssmin = require('gulp-cssmin'),
      uglify = require('gulp-uglify');

gulp.task("clean", function() {
  return del("lib/*");
});

gulp.task("minjs", ["clean"], function(){
  return gulp.src("src/scripts/*.js")
    .pipe(concat("all.min.js"))
    .pipe(uglify())
    .pipe(gulp.dest("lib"));
});

gulp.task("mincss", ["clean"], function(){
  return gulp.src("src/css/*.css")
    .pipe(concat("styles.css"))
    .pipe(cssmin())
    .pipe(gulp.dest("lib"));
});

gulp.task("default", ["mincss","minjs"]);
```

6.2.4　更多 gulp 技巧

利用 gulp 还能完成更多工作，而不仅是精简和合并文件。gulp 插件存储库中具有超过 2800 个插件。最重要的是，gulp 只是一个标准 Node.js 文件，因此可使用任何 npm 包。

下文介绍一些用于完成其他常见任务的技巧。

1. 利用包的名称命名输出文件

可读取 package.json 文件的内容，并将读出的值重用于 gulp。因为该文件是一个 JSON 对象，所以可使用 require 方法读取并加载到内存中：

```
var pkg = require('./package.json')
```

然后，可以采用如下名称来命名连接后的脚本文件：

```
pkg.name+"-"+pkg.version+".min.js"
```

现在 JavaScript 精简任务的形式如下：

```
var pkg = require('./package.json');

gulp.task("minjs", ["clean","lint"], function(){
  return gulp.src("src/scripts/*.js")
    .pipe(concat(pkg.name+"-"+pkg.version+".min.js"))
    .pipe(uglify())
    .pipe(gulp.dest("lib"));
});
```

2. 生成 Source Map

精简操作能够减少脚本大小，但该操作将导致无法进行代码调试。此问题的一个解决方法是创建 Source Map(源代码映射表)，JavaScript 调试工具可以使用它将精简后的代码映射到原始代码。

为使用 gulp 生成源代码映射表，需要安装 gulp-sourcemaps 插件。该插件最简单的使用方法是：在任何操作开始之前调用 init() 方法，读取原始文件，最后调用 write()方法将映射表写入磁盘。

```
return gulp.src("src/scripts/*.js")
  .pipe(sourcemaps.init())
    .pipe(concat(pkg.name+"-"+pkg.version+".min.js"))
    .pipe(uglify())
  .pipe(sourcemaps.write())
  .pipe(gulp.dest("lib"));
```

如果调用 write()方法时不带参数，映射表将被嵌入保存到目标文件中，但如果向该方法传递一个相对于目标文件的路径，如 sourcemaps.write('.')，则映射表将保存为一个独立文件，其文件名为目标名加上.map 扩展名。

注意

在 init 和 write 之间使用的插件必须支持 gulp-sourcemaps，如本书示例中所使用的插件：uglify、concat 和 cssmin。

3. 使用 JSHint 检查 JavaScript 脚本

也可通过在 gulp 中使用 gulp-jshint 插件来运行 JSHint。使用方法很简单。首先执行 jshint()方法，然后将结果传递给 jshint.reporter('REPORTER-NAME')方法，以在控制台中打印出分析结果。

市面上存在很多报告器(reporter)，所有 JSHint 报告器也应该能与该插件兼容。在 gulp-jshint 环境中应用的最流行报告器是该插件附带的默认报告器 default 和可选报告器 jshint-stylish。两种报告器的输出结果比较如图 6-2 所示。default 报告器位于上方，而 stylish 报告器位于下方。

图 6-2　default 报告器和 stylish 报告器的比较

此外，如果在存在警告或错误时不希望任务继续进行，则可以使用 fail 报告器停止执行构建过程。以下代码片段展示了一个运行 JSHint、打印报告并在发生错误时停止执行的任务。

```
gulp.task("lint", function() {
  return gulp.src("src/scripts/*.js")
    .pipe(jshint())
    .pipe(jshint.reporter('jshint-stylish'))
    .pipe(jshint.reporter('fail'));
});
```

该代码会停止执行所有依赖 lint 任务的任务，如图 6-3 所示。

图 6-3　JSHint 出错后停止执行

4. 文件更改时执行任务

gulp 中有一个 watch 方法，该方法在文件内容改变时触发任务的执行。例如，如果希望在每次 JavaScript 文件变更时运行 JSHint，则可以创建一个新任务，并在该任务中调用 watch 方法。

```
gulp.task('watch', function() {
  gulp.watch('src/scripts/*.js', ['lint']);
});
```

然后启动 gulp，并指定执行 watch 任务：gulp watch。只要某个 JavaScript 文件被保存在 scripts 文件夹中，将启动 JSHint 检查过程。

5. 管理 Bower 依赖关系

Bower 将所有依赖关系安装在项目的一个名为 bower_components 子文件夹中。如第 5 章所述，将这些依赖关系包含在 HTML 文件中的简单方法是直接引用 Bower 文件夹中的组件。这样做在开发过程中可能没有问题，但对于应用程序部署而言，并不是一个好做法，因为 Bower 的包基本上就是它的 git 存储库，因而其中包含了开发者不希望在生产环境中使用的很多文件。

一种更好的做法是仅将运行应用程序所需的文件复制到其他文件夹。这可人工完成，也可通过 gulp 自动完成。

为进一步简化操作，有一个名为 main-bower-files 的 gulp 插件，该插件可以遍历 bower.json 中定义的所有依赖关系，对于每一个依赖关系，取出由包的开发者定义的主要文件。这些文件是使用该库所需的文件。它的用法很简单：只需要调用该插件来确定任务的源文件，并将它们通过管道重定向到目标文件夹中。代码清单 6-2 将一些组件复制到 dist/libs 文件夹中。

代码清单 6-2：利用 gulp 管理 Bower 组件

```
var gulp = require('gulp');
var mainBowerFiles = require('main-bower-files');

gulp.task("default", function(){
  return gulp.src(mainBowerFiles())
    .pipe(gulp.dest("dist/lib"));
  });
```

警告

并非所有 Bower 包都能正确定义其主要文件。例如，Bootstrap 将一个.less 文件包含在其主要文件中，但不包含 CSS 文件或字体。这种情况下，可在 bower.json 文件中或直接在 gulp 任务中，重载 mainBowerFiles 返回的文件。

```
gulp.task("default", function(){
```

```
return gulp.src(mainBowerFiles({
        overrides: {
            bootstrap: {
                main: [
                    './dist/js/bootstrap.js',
                    './dist/css/*.min.css',
                    './dist/fonts/*.*'
                ]
            }
        }
}))
    .pipe(gulp.dest("dist/lib"));
});
```

6. 直接在 HTML 文件中替换引用

本对前面介绍了如何合并和精简 JavaScript 文件与 CSS 文件。如果还能更新 HTML 文件中的引用岂不更好？该功能的实现得益于一个功能非常强大的插件 gulp-inject。

该插件生成一个引用列表，并将其插入 HTML 文件中一个由特殊注释限定的区域。在添加新引用时，它会删除这些注释之间的所有内容。这样，HTML 文件的开发版本引用的是独立的 JavaScript 文件和 CSS 文件，而使用 gulp 任务生成的生产版本引用的是组合和精简的 JavaScript 文件和 CSS 文件。

下面将介绍该技巧的实现方式。首先，HTML 文件必须包含由注释包围的脚本。

```
<!-- inject:js -->
  <script src="/scripts/athletesFactory.js"></script>
  <script src="/scripts/averageFactory.js"></script>
  <script src="/scripts/raceController.js"></script>
<!-- endinject -->
```

然后在 gulp 任务内进行精简操作，如代码清单 6-3 所示。

代码清单 6-3：利用 gulp 替换脚本的引用

```
var gulp  = require('gulp'),
    concat = require('gulp-concat'),
```

```
      inject = require('gulp-inject'),
      cssmin = require('gulp-cssmin'),
      uglify = require('gulp-uglify');

var pkg = require('./package.json');
var fileName = pkg.name+"-"+pkg.version+".min.js";

gulp.task("minjs", function(){
  return gulp.src("./src/scripts/*.js")
    .pipe(concat(fileName))
    .pipe(uglify())
    .pipe(gulp.dest("./dist/lib"));
});

gulp.task("mincss", function(){
  return gulp.src("./src/css/*.css")
    .pipe(concat("styles.css"))
    .pipe(cssmin())
    .pipe(gulp.dest("./dist/lib"));
});

gulp.task("inject",["minjs","mincss"], function(){
  return gulp.src("./src/index.html")
    .pipe(inject(gulp.src(["./dist/lib/*.js","./dist/lib/*.css"]),{ignorePath: 'dist'}))
    .pipe(gulp.dest("./dist"));
});

gulp.task("default", ["inject"]);
```

在代码清单 6-3 中，可看到 gulp-inject 插件的工作方式。它通过管道接收 HTML 文件流作为输入，并使用指定的文件引用作为参数，输出修改后的版本。

任务运行后，HTML文件中的引用将改为复制到 dist 文件夹中的、精简后的脚本和样式。

```
<!-- inject:css -->
<link rel="stylesheet" href="/lib/styles.css">
<!-- endinject -->

<!-- inject:js -->
<script src="/lib/gulp-inject-sample-0.0.1.min.js"></script>
<!-- endinject -->
```

6.3　webpack 介绍

　　webpack 是模块打包器(module bundler)，可以加载 JavaScript 应用程序的所有依赖关系，并将它们打包在一起，以优化浏览器的加载速度。虽然严格来说，webpack 并不是一个任务运行程序，但它可以用于完成 gulp 所执行的大部分任务，如精简、捆绑和检查(linting)。让我们看看它的工作方式。

6.3.1　webpack 的主要概念

　　相对于 gulp，webpack 的学习曲线稍微有点陡峭，因此在学习示例之前，首先需要了解一些主要概念：入口点(entry)、输出(output)、加载器(loader)和插件。一切都始于应用程序的入口点，这是 webpack 开始追踪依赖关系树之处。流程的终点则是输出，这是 webpack 在完成其工作后保存打包文件的位置。所有处理工作都位于入口和输出之间，由加载器和插件完成。

　　webpack 是 JavaScript 模块打包器，这意味着它能查找 JavaScript 模块及其依赖关系并打包它们。但是，webpack 也可以处理.css 文件、Sass 文件、TypeScript 文件，甚至是图片和.html 文件。加载器用于"转换"可由 webpack 处理的模块中的任何类型文件。插件不是用于单个源文件，而用于对最终的打包输出执行通用操作。

　　webpack 的配置存储在 webpack.config.js 文件中。

　　现在介绍如何使用 webpack 执行在代码清单 6-1 中由 gulp 完成的同样工作。

6.3.2　应用 webpack

　　第一步显然是安装 webpack。这是通过 NPM 完成的。像其他工具一样，它可以全局安装，但更好的做法是基于每个项目独立安装，以避免同一台计算机上个同项目之间的版本冲突。

　　有了一个新文件夹，且在该文件夹中建立一个空 package.json 义件后，即可运行 npm install webpack --save-dev 命令来安装 webpack，并将它添加为项目的开发引用项(development reference)。

1. 打包 JavaScript

接下来是使用最小配置创建 webpack.config.js 文件，该文件指定了打包的入口文件和输出文件。代码清单 6-4 中的配置文件指示 webpack 从 ./src/index.js 文件开始提取依赖关系，并将打包后的版本存储在 bundle.js 文件中。仅将一批文件置于同一个文件夹中，并不足以实现自动化提取。它们必须使用 ECMAScript 5 的模块 export/import 语法互相引用。代码清单 6-5 展示了该例中使用的两个文件如何链接在一起。

代码清单 6-4：简单的 webpack 配置文件(webpack.config.js)

```javascript
var path = require('path');

module.exports = {
  entry: './src/index.js',
  output: {
    filename: 'bundle.js',
    path: path.resolve(__dirname, 'dist')
  }
}
```

代码清单 6-5：示例中使用的 JavaScript 文件

INDEX.JS

```javascript
import {greet} from './greeting.js';

function component() {
  var element = document.createElement('div');

  element.innerHTML = greet("readers");
  element.classList.add('hello');

  return element;
}
document.body.appendChild(component());
```

GREET.JS

```
export function greet(who) {
    return "Hello " + who;
}
```

请注意 import 和 export 的用法，import 用于导入依赖关系，export 用于输出供其他文件使用的函数。现在只需要运行 webpack 而不需要任何额外的配置，即可将这两个文件合并成一个文件。

由于 webpack 仅安装在项目本地，因此运行它有两种方式。第一种方式是使用其相对路径./node_modules/.bin/webpack。这是通过 npm 安装时所有可执行文件的存储位置。另一种方式是使用 npm 脚本。要这么做，只需要在 package.json 文件中添加一个脚本元素，然后输入 npm run build，即可执行 webpack。需要添加的代码如下所示。

```
"scripts": {
  "build": "webpack"
},
```

2. 打包样式表

为向打包中添加样式表，必须欺骗 webpack，使其认为.css 文件是另一个模块，并且需要安装和配置正确的模块加载器。前者是通过导入.css 文件来完成的，就像它是另一个 JavaScript 模块一样：

```
import './style.css';
```

然后，必须通过 npm 安装样式和 CSS 加载器，并在 webpack.config.js 文件中进行配置。

安装这两个模块的命令如下：

```
npm install style-loader css-loader --save-dev
```

添加 CSS 加载器后的配置文件如代码清单 6-6 所示。

代码清单 6-6：具有 CSS 加载器的 webpack.config.js

```
var path = require('path');


module.exports = {
  entry: './src/index.js',
  output: {
    filename: 'bundle.js',
    path: path.resolve(__dirname, 'dist')
  },
  module: {
    rules: [
      {
        test: /\.css$/,
        use: [
          'style-loader',
          'css-loader'
        ]
      }
    ]
  }
}
```

代码清单 6-6 展示了如何在一个 module 属性内添加加载器。每个不同的模块加载器都需要一个 test 关键字，用于指定何时使用加载器以及要使用的加载器列表。test 可以是一个正则表达式，其中包含加载文件的扩展名，或一个更复杂的函数。

运行 webpack 后，样式将与 JavaScript 文件打包在一起，并在运行时注入 HTML 文件的头部。如果希望在 HTML 文件中，从样式文件自身引用样式，则需要使用 extract-text-webpack-plugin 插件。该插件的配置文件如代码清单 6-7 所示。

代码清单 6-7：使用 extract-text-webpack-plugin 插件的 webpack.config.js

```
var path = require('path');
const ExtractTextPlugin = require("extract-text-webpack-plugin");

module.exports = {
  entry: './src/index.js',
  output: {
```

```
    filename: 'bundle.js',
    path: path.resolve(__dirname, 'dist')
  },
  module: {
    rules: [
      {
        test: /\.css$/,
        use: ExtractTextPlugin.extract({
          fallback: "style-loader",
          use: "css-loader"
        })
      }
    ]
  },
  plugins: [
    new ExtractTextPlugin("styles.css")
  ]
};
```

如此修改后，CSS 文件将打包到一个文件中，而非注入 HTML 文件的标题部分。

3. 精简和添加 Source Map

捆绑完文件后，仍然需要精简它们。这是通过应用另一个名为 UglifyJsPlugin 的插件完成的。要应用这个插件，在将其导入配置文件之后再添加到插件列表即可。

```
new webpack.optimize.UglifyJsPlugin()
```

为同时给 JavaScript 文件和.css 文件建立 Source map，必须在配置中指定另一个名为 devtool 的参数。根据所需的 Source map 类型(内联的或在独立文件中)及要求的准确性，该参数可以具有许多不同的值。添加 Source Map 且精简后的配置文件如代码清单 6-8 所示。

代码清单 6-8：具有 Source Map 且精简后的 webpack.config.js

```
var path = require('path');
const webpack = require('webpack');
const ExtractTextPlugin = require("extract-text-webpack-plugin");
```

```
module.exports = {
  entry: './src/index.js',
  output: {
    filename: 'bundle.js',
    path: path.resolve(__dirname, 'dist')
  },
  devtool: "source-map",
  module: {
    rules: [
      {
        test: /\.css$/,
        use: ExtractTextPlugin.extract({
         fallback: "style-loader",
         use: "css-loader"
        })
      }
    ]
  },
  plugins: [
    new ExtractTextPlugin("styles.css"),
    new webpack.optimize.UglifyJsPlugin({sourceMap:true})
  ]
};
```

6.3.3 webpack 的其他功能

尽管 webpack 是一个模块打包程序，但得益于丰富的加载器，其功能不仅限于捆绑 JavaScript 文件。它可以处理样式(包括 Sass 或 Less)，也可以处理需要某种转译(transpiling)的脚本文件(如 TypeScript、CoffeScript 或 ECMAScript 2015)、图片、字体以及许多其他类型的文件。另外，它可在加载 JavaScript 文件时运行 JSHint。通过使用一些插件，它可以自动将脚本和样式标签添加到 HTML 文件中(使用 HtmlWebpackPlugin 插件)，可以实现如前所述的精简捆绑包，还可以压缩文件等。

然而，它终究是一个模块打包程序，因此并不具备通用任务运行程序(例如 gulp)的灵活性，并且它要求应用程序以模块化方式编写，而实际并非如此，在不使用最新的 JavaScript 框架时尤其如此。

但是，如果通过 CLI 使用 Angular，则不必执行任何操作即可自动执行 webpack 编译和捆绑操作。

6.4　Visual Studio 2017 和构建系统

现在你已经了解了 gulp，接下来非常重要的是掌握如何将它集成到 Visual Studio 2017 中。

6.4.1　Bundler & Minifier 扩展

微软认识到开发者使用任务运行程序主要是为了精简和打包文件，因此 ASP.NET Core 项目模板中不包括 gulpfile.js 文件。相反，它包括 bundleconfig.json 文件，其中包含 Visual Studio 2017 的一项新功能：Bundler & Minifier。Bundler&Minifier 通过提供用于在 Visual Studio 开发中创建打包的菜单项，简化管理 CSS 和 JavaScript 文件的过程。

通过右击 Project Explorer(项目浏览器)中的文件并选择 Bundler & Minifier | Minify File(精简文件)，即可简单地配置文件的精简，并可通过选择多个文件并选择 Bundler & Minifier | Bundle and Minify File 来创建打包(请参见图 6-4)。

菜单中的这些命令实际只是更新了打包配置文件 bundleconfig .json。该文件的一个示例如代码清单 6-9 所示。

代码清单 6-9：bundleconfig.json 文件示例

```
[
  {
    "outputFileName": "wwwroot/css/site.min.css",
    "inputFiles": [
      "wwwroot/css/site.css"
    ]
  },
  {
    "outputFileName": "wwwroot/js/site.min.js",
    "inputFiles": [
      "wwwroot/js/site.js"
    ],
```

```
    "minify": {
      "enabled": true
    }
  },
  {
    "outputFileName": "wwwroot/js/bundle.js",
    "inputFiles": [
        "wwwroot/js/site2.js",
        "wwwroot/js/site.js"
    ],
    "sourceMap": true
  }
]
```

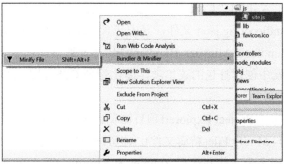

图 6-4　Bundler & Minifier 菜单项

　　该文件包含一个打包配置的列表，每个打包由输出文件名称、输入文件列表以及可选的其他配置设置(如启用 Source Map)来定义。

　　这个新功能并不排除使用 gulp。如果前端构建过程不仅是捆绑文件，还可从菜单中创建一个使用 bundleconfig.json 文件的 gulp 文件(如图 6-5 所示)，然后扩展该文件，在其中纳入其他任务。这样，打包的配置仍然可以通过菜单项完成，使管理更加简便，即使在使用 gulp 时也是如此。

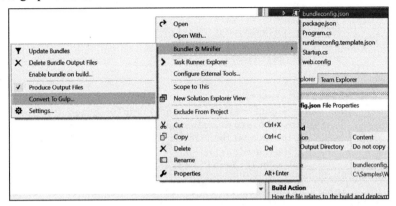

图 6-5　转换到 gulp

由 Bundler & Minifier 扩展创建的 gulpfile.js 文件如代码清单 6-10 所示。

代码清单 6-10：由 Bundler & Minifier 扩展生成的 gulpfile.js

```
"use strict";

var gulp = require("gulp"),
    concat = require("gulp-concat"),
    cssmin = require("gulp-cssmin"),
    htmlmin = require("gulp-htmlmin"),
    uglify = require("gulp-uglify"),
    merge = require("merge-stream"),
    del = require("del"),
    bundleconfig = require("./bundleconfig.json");

var regex = {
    css: /\.css$/,
    html: /\.(html|htm)$/,
    js: /\.js$/
};

gulp.task("min", ["min:js", "min:css", "min:html"]);
```

```
gulp.task("min:js", function () {
    var tasks = getBundles(regex.js).map(function (bundle) {
        return gulp.src(bundle.inputFiles, { base: "." })
            .pipe(concat(bundle.outputFileName))
            .pipe(uglify())
            .pipe(gulp.dest("."));
    });
    return merge(tasks);
});

gulp.task("min:css", function () {
    var tasks = getBundles(regex.css).map(function (bundle) {
        return gulp.src(bundle.inputFiles, { base: "." })
            .pipe(concat(bundle.outputFileName))
            .pipe(cssmin())
            .pipe(gulp.dest("."));
    });
    return merge(tasks);
});

gulp.task("min:html", function () {
    var tasks = getBundles(regex.html).map(function (bundle)
{
        return gulp.src(bundle.inputFiles, { base: "." })
            .pipe(concat(bundle.outputFileName))
            .pipe(htmlmin({ collapseWhitespace: true, minifyCSS:
            true, minifyJS: true }))
            .pipe(gulp.dest("."));
    });
    return merge(tasks);
});

gulp.task("clean", function () {
    var files = bundleconfig.map(function (bundle) {
        return bundle.outputFileName;
    });

    return del(files);
});

gulp.task("watch", function () {
    getBundles(regex.js).forEach(function (bundle) {
        gulp.watch(bundle.inputFiles, ["min:js"]);
    });

    getBundles(regex.css).forEach(function (bundle) {
```

```
        gulp.watch(bundle.inputFiles, ["min:css"]);
    });

    getBundles(regex.html).forEach(function (bundle) {
        gulp.watch(bundle.inputFiles, ["min:html"]);
    });
});

function getBundles(regexPattern) {
    return bundleconfig.filter(function (bundle) {
        return regexPattern.test(bundle.outputFileName);
    });
}
```

6.4.2　任务运行程序资源管理器

Bundler & Minifier 以及 gulp 的任务均可通过 Task Runner Explorer(任务运行程序资源管理器)手动运行。通过右击 Project Explorer(如图 6-6 所示)中的 gulpfile.js 文件或从 View | Other Windows | Task Runner Explorer 菜单项打开此窗口。

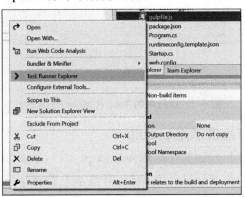

图 6-6　打开 Task Runner Explorer

Task Runner Explorer 显示了 gulpfile.js 文件中所有可用任务以及 bundleconfig.json 文件中指定的所有文件的打包关系。它还允许用户指定在 Visual Studio 中运行某些操作时要运行的任务。可将任务配置为在以下情形运行：

- 当项目打开时
- 当调用 Clean(清除)操作时
- 在开始构建项目之前
- 在项目构建完成后

Task Runner Explorer 界面如图 6-7 所示，其中展示了左侧任务树中的任务，以及右侧任务和 Visual Studio 操作间的绑定关系，并且显示了配置这些绑定的下拉菜单。

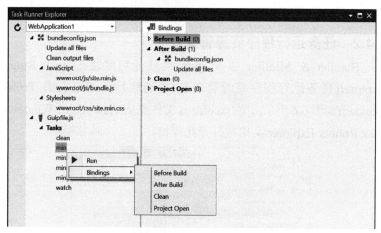

图 6-7　运行中的 Task Runner Explorer

6.4.3　将智能提示用于 gulp

最后，由于 gulp 文件就是 JavaScript 文件，因此标准 JavaScript IntelliSense 会为其触发自动完成，并显示关于 gulp 和 gulp 插件方法的信息，如图 6-8 所示。

```
gulp.task("min:html", function () {
    var tasks = getBundles(regex.html).map(function (bundle) {
        return gulp.src(bundle.inputFiles, { base: "." })
            .pipe(concat(bundle.outputFileName))
            .pipe(htmlmin    ▲ 1 of 2 ▼ concat(filename: string, [options?: IOptions]): NodeJS.ReadWriteStream
            .pipe(gulp.de
    });
    return merge(tasks);
});
```

图 6-8　gulp 的智能提示(IntelliSense)

6.5　本章小结

虽然自动化构建工具已经存在了超过 40 年,但直至最近它们才被引入到前端开发圈中。虽然.NET Web 开发圈仍在使用 MSBuild,但最终也开始采用类似 gulp 的前端构建系统。

Grunt 是出现的第一种这类工具,但最近 gulp 得益于其更为基于代码的方法,获得了更多的推动力,微软已经选择它作为在 Visual Studio 和 ASP.NET Core 项目中默认支持的构建工具。

在本章中,你学习了如何准备前端产品以用于发布。下一章将介绍如何利用这些任务,将项目部署到自有环境或云端的服务器上,部署模式包括按需部署或持续部署。

第 **7** 章

部署 ASP.NET Core

本章主要内容：

- ASP.NET Core 的新托管模型
- 如何在自有环境中部署
- 如何使用 Azure
- 使用 git 和 Azure 进行持续部署
- 如何部署到 Docker 容器

在学习了如何使用 ASP.NET Core MVC、Angular、Bootstrap 和 gulp 生成前端应用程序之后，终于等到向其他人展示应用程序的时刻了。为了实现该目的，需要部署应用程序。

本章代码下载

本章的相关代码可通过网站 www.wrox.com 下载。搜索该书的 ISBN(978-1-119-18131-6)，可在第 7 章的下载部分找到对应代码。

7.1 ASP.NET Core 的新托管模型

在研究 ASP.NET Core 应用程序的部署前，了解它们如何托管在服务器内很重要。

在传统的 ASP.NET 中，应用程序是托管在 IIS 应用程序池(也称为工作进程，w3wp.exe)中的 DLL。它们在 IIS 的运行库管理器(runtime manager)处被实例化。当请求到达时，将被发送到位于 AppPool(应用程序池)内的对应站点的 HttpRuntime 函数处。简而言之，应用程序基本上是由 IIS 本身控制的模块。

在 ASP.NET Core 中，处理方式完全不同。控制台应用程序利用 Kestrel 运行自己的 Web 服务器。每个应用程序已经托管了自身，可以直接通过 HTTP 响应请求，因此你可能会疑惑为何需要首先使用 IIS。原因是 Kestrel 是一款针对性能进行了优化的 Web 服务器，但它缺少 IIS 管理特性。因此开发阶段直接在 Kestrel 上运行应用程序没有什么问题，但将它们暴露给外部世界使用时则还需要 IIS。

这种情况下，IIS 基本上作为一个反向代理运用，它接收请求并将它们转发到 Kestrel Web 服务器上托管的 ASP.NET Core 应用程序。然后，IIS 将等待执行管道完成其处理，并将 HTTP 输出发送回请求的发起者。

该过程是通过 AspNetCoreModule 完成的，该模块负责在应用程序首次收到请求时，调用 dotnet run 命令启动它。AspNetCoreModule 确保应用程序即使崩溃也能保持加载状态，并保持运行该应用程序的 HTTP 端口的映射关系。该模块通过应用程序根目录下的 web.config 文件进行配置。代码清单 7-1 展示了一个配置示例。

代码清单 7-1：配置 AspNetCoreModule 的 web.config

```
<configuration>
  <system.webServer>
    <handlers>
      <add name="aspNetCore" path="*" verb="*"
```

```
      modules="AspNetCoreModule"
      resourceType="Unspecified"/>
    </handlers>
    <aspNetCore
      processPath="dotnet"
      arguments=".\PublishingSample.dll"
      stdoutLogEnabled="false"
      stdoutLogFile=".\logs\stdout"/>
  </system.webServer>
</configuration>
```

其中，重要的配置属性是 processPath 和 arguments，processPath 包含将侦听 HTTP 请求的可执行文件的路径，arguments 中具有传递给进程的参数。在标准 ASP.NET Core 应用程序中，processPath 的值是 dotnet，而 arguments 是实际应用程序的 DLL 的所在路径。

7.2　在自有 IIS 环境上的安装

在了解背景理论之后，接下来重要的是了解如何在 IIS 上安装应用程序。

7.2.1　确保一切就绪

通常情况下，应用程序安装在服务器上，但如果无法获得服务器，则可以在本地开发计算机上，按照本书的步骤进行操作。开始之前，确保安装了 IIS。如果确定已经安装好了 IIS，则可以跳过这部分，直接进入“安装 AspNetCoreModule”一节。

第一步检查是否安装了 IIS。在浏览器中输入 http://localhost：如果得到如图 7-1 所示的欢迎页面，则 IIS 已经安装且运行正常。否则，如果得到“server not found”(找不到服务器)错误提示，则表示本地网站未运行，原因可能是 IIS 未安装或已停止运行。

现在尝试打开它。为此，请打开 IIS Manager。选择 All Apps | Windows Administrative tools，打开 Default Web Site，然后单击 Manage Website 下的 Start 按钮，如图 7-2 右侧的 Actions 栏中所示。

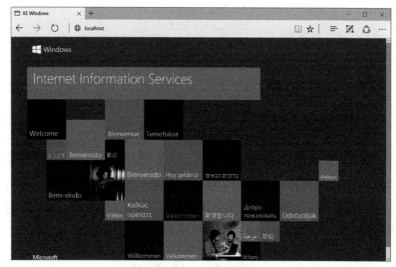

图 7-1　IIS 10 的欢迎页面

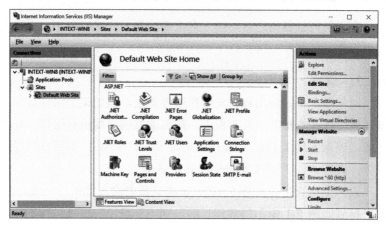

图 7-2　IIS Manager

如果没有发现 IIS Manager，则意味着计算机上尚未安装 IIS。为了安装它，请打开 Windows Features 窗口(可通过 Control Panel | Programs | Turn Windows features on or off 访问该窗口)，选中 World Wide Web Services 和 IIS Management Console (如图 7-3 所示)，然后

单击 OK 按钮。

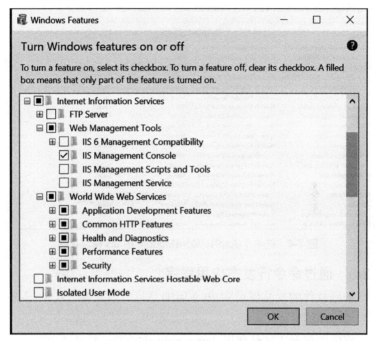

图 7-3　Windows Features 窗口

7.2.2　安装 AspNetCoreModule

　　IIS 和 ASP.NET Core 之间的对接由 AspNetCoreModule 提供。此模块作为.NET Core Windows Server Hosting 软件包的一部分安装，该软件包还安装了.NET Core Runtime 和.NET Core Library，提供了一种非常方便的在 Web 服务器上启用.NET Core 托管服务的方法。AspNetCoreModule 也作为.NET Core SDK 的一部分进行安装，所以如果在开发计算机上运行过该 SDK，应该已经拥有了该模块。

　　无论采用哪种方式安装，现在应该能够在 IIS Manager 的模块列表中看到 AspNetCoreModule(见图 7-4)。

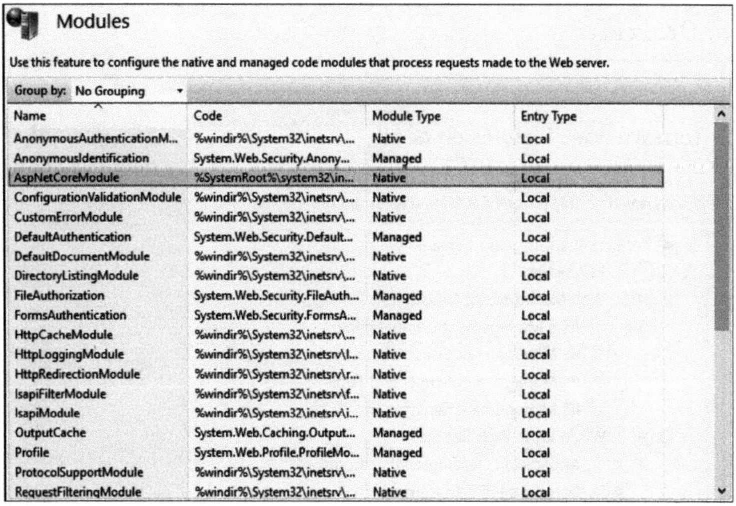

图 7-4　选中了 AspNetCoreModule 的 IIS 模块视图

7.2.3　通过命令行发布应用程序

基础软件的安装现已完成(幸运的是只需要安装一次)，该是发布应用程序的时候了。

简单的部署方法是使用 dotnet publish 命令。默认情况下，此命令将使用由 TargetFramework 指定的框架，并以 Debug 模式生成应用程序，把应用程序发布到./bin/[configuration]/[framework]/publish 文件夹中。

此发布操作构建应用程序的方式与 dotnet build 命令相同，但它还会将所有依赖关系和引用复制到一个自包含文件夹中，可以方便地将该自包含文件夹复制到目标 IIS 文件夹中(如图 7-5 所示)。除此之外，publish 命令还运行项目文件中指定的所有 MSBuild 目标，例如可以运行脚本和样式的捆绑(bundling)和精简(minification)。

它还会在项目根文件夹中创建一个 web.config 文件(如果该文件已经存在，则更新它)，以使其包含与代码清单 7-1 中所示内容类似的正确值。

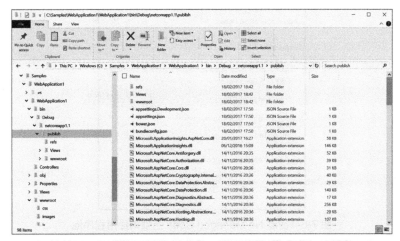

图 7-5　包含应用程序代码和所有依赖关系的自包含文件夹

默认文件夹隐藏在文件夹结构中。你或许想以 Release(发布)模式发布。调用 publish 命令时通常会指定所有选项:

```
dotnet publish
    --framework netcoreapp1.1
    --output "c:\temp\PublishSample"
    --configuration Release
```

7.2.4　创建网站

最后一步显然是在 IIS 中创建网站(也即 Web 应用程序)。该过程非常简单,除了唯一的微小特殊之处,与其他任何 IIS 网站的创建方式相似。由于 IIS 只作为代理而不执行任何.NET 代码,因此必须将应用程序池配置为"不实例化.NET 运行库"。这是通过选择 No Managed Code 选项实现的(见图 7-6)。

完成此操作后,可通过指定新建的 AspNetCore 应用程序池和已发布应用程序的文件夹位置来创建网站(或称虚拟应用程序),见图 7-7。

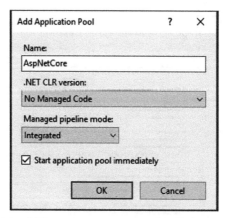

图 7-6　创建 No Managed Code 选项的应用程序池

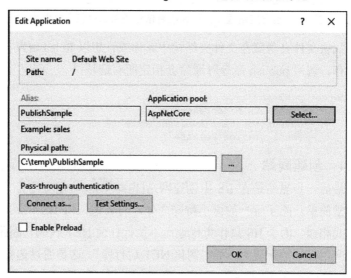

图 7-7　在 IIS 中创建一个新的虚拟应用程序

现在可浏览 http://localhost/PublishSample，并享用通过 IIS 提供的 ASP.NET Core 应用程序。

7.2.5　通过 Visual Studio 发布应用程序

使用 dotnet publish 命令进行发布，不能远程部署应用程序，也

不支持增量更新。因此，在 Visual Studio 中开发时，更好的选择是
使用 Publish 对话框，可从 Solution Explorer 的上下文菜单或 Visual
Studio 2017 中引入的新概览屏幕访问该对话框。

　　通常，在向远程服务器部署时，系统管理员将提供一个发布配
置文件。当导入它时，Visual Studio 将根据在 Publish 对话框中输入
的信息，创建一个 PowerShell 脚本。该脚本将调用一个 PowerShell
模块，该模块执行实际的 WebDeploy 操作。

　　如果没有系统管理员提供的发布配置文件，也可以通过为服务
器配置连接参数，创建一个自定义发布配置文件。为在按照本章所
述配置的远程 IIS(已经正确配置了 Web Deploy)上测试，图 7-8 包含
了需要设置的参数。

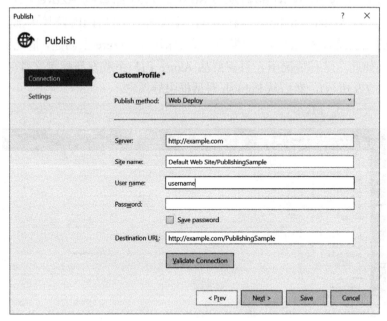

图 7-8　IIS 发布配置文件

7.3 在 Azure 上部署

替代在自有环境中部署的另一种选择是在云上部署应用程序。这可以缓解上一节中提及的很多服务器配置梦魇，并在使用 Azure 时，提供更为协调完整的 Visual Studio 体验。其他云托管解决方案通常提供虚拟机，因此部署方式类似于在自己管理的远程 IIS 上执行此操作。

在 Azure 上部署时，有两种可行方法。第一种涉及使用 Publish 对话框和 Web Deploy(Web 部署)，而第二种则更多用于持续部署应用场景，它使用 git，并利用 Kudu 直接在 Azure 上构建应用程序。

7.3.1 使用 Web 部署从 Visual Studio 部署到 Azure

在 Visual Studio 中，在 Azure 上部署与在自有 IIS 环境中部署的流程没有多大区别；如果所有资源都已在 Azure 上创建，情况更是如此。这种情况下，只需要从 Azure 门户下载发布配置文件(如图 7-9 所示)，然后从 Publish 对话框中导入它。

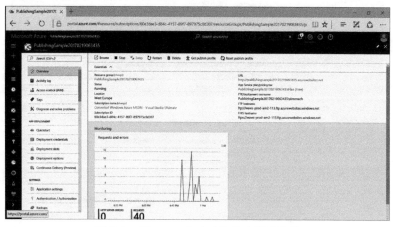

图 7-9 从 Azure 门户获取发布配置文件

当需要新资源时，处理方式会有所不同。在此种情况下，不需

要进入 Azure 门户，因为可以通过在 Publish 对话框中选择 Microsoft
Azure App Service 作为发布目标(见图 7-10)，完成所有操作。在此
界面中，可以选择连接到一个现有的应用程序服务(请参见图 7-11)，
方法是选择 Select Existing 并单击 Publish 按钮，也可以通过选择
Create New，创建一个新的应用程序服务。

图 7-10　选择 Microsoft Azure App Service 作为发布目标

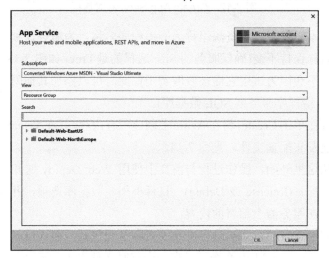

图 7-11　App Service 对话框

单击 Publish 按钮，会弹出 Create App Service 对话框(见图7-12)。在此界面中，可以选择将新应用程序服务归入现有资源组和服务计划，还是创建一个新资源组和服务计划(在创建全新的独立应用程序时，选择后者是最佳实践)。

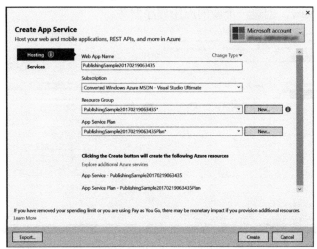

图 7-12　Create App Service 对话框

在本示例中，将资源组称为应用程序名称，为服务计划自动生成的名称保持不变(确保服务的 Size 选择的是 Free，如图 7-13 所示，这样就不会因为试用它而被收取费用)。此时可以添加其他附加服务(其他应用程序服务或 SQL 数据库)。

现在单击 Create，将在 Azure 上创建所有内容，并在 Visual Studio 中创建发布配置文件，见图 7-14。

从这里开始，操作过程与前文中使用 Web Deploy 时相同。可以选择配置(Release 或 Debug)、目标框架、数据库选项，并且可以预览将在服务器上部署的内容。

利用 Web Deploy 进行发布的实际过程包括：在 Visual Studio 中运行 dotnet publish 命令，以在一个临时文件夹中创建文件包，接着利用 Web Deploy 将文件移动到服务器。

Configure App Service Plan

An App Service plan is the container for your app. The App Service plan settings will determine the location, features, cost and compute...

App Service Plan

PublishingSample20170219063435Plan

Location

West Europe

Size

Free

Free
Shared
B1 (1 core, 1.75 GB RAM)
B2 (2 cores, 3.5 GB RAM)
B3 (4 cores, 7 GB RAM)
S1 (1 core, 1.75 GB RAM)
S2 (2 cores, 3.5 GB RAM)
S3 (4 cores, 7 GB RAM)
P1 (1 core, 1.75 GB RAM)
P2 (2 cores, 3.5 GB RAM)
P3 (4 cores, 7 GB RAM)

OK　　Cancel

图 7-13　Configure App Service Plan 对话框

图 7-14　发布到 Azure 配置文件

223

与其他部署方法相比，Web Deploy 的美妙之处在于增量发布。如果稍后更改了文件(例如 About.cshtml 文件)，Web Deploy 会将新文件与已发布的文件进行比较，然后只发送新文件。在 Publish 界面中可以访问预览窗口(见图 7-15)，该窗口将显示实际部署发生时执行的操作。

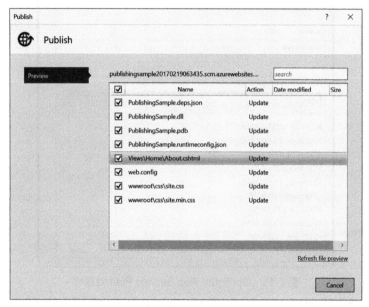

图 7-15　Web Deploy 预览

注意，预览窗口还会显示在发布过程中创建的文件，例如更新后的 web.config、DLL 文件、精简后的样式表和各种依赖关系配置文件。

7.3.2　利用 git 持续部署到 Azure

Azure 上的另一种部署方法是利用 git 和 Azure 的持续部署功能。这种方法的主要区别在于，仅将代码推送到 Azure，所有构建和发布操作都通过 Kudu 直接在 Azure 上进行，而不是在 Visual

Studio 中(或在构建计算机上)构建然后部署到 Azure。

1. 配置 Azure 上的 Web 应用程序

为进行连续部署，必须在 Azure 门户上配置 Web 应用程序。该操作可以通过选择要配置的 Web 应用程序、找到 Settings 中的 Deployment Source 菜单项并选择部署源来完成。在此处可找到许多不同的部署源(见图 7-16)，包括类似 Visual Studio Team Services、git (源自 GitHub 或本地)以及 Bitbucket 的源码管理服务，和类似 OneDrive 或 Dropbox 的文件共享服务。

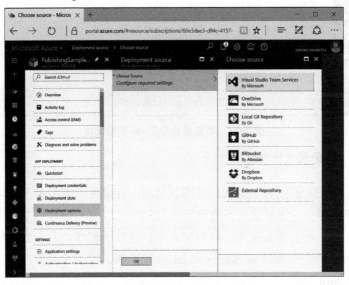

图 7-16　部署源

对本书的示例而言，选择 Local Git Repository 更方便，这样代码可以在不需要创建额外服务的情况下，直接从你的计算机上被推送出去。但如有必要，可以配置任何其他源。当然，其他部署源选项的配置步骤会有所不同。

现在，在 Wcb 应用程序的概览窗格中，即可看到用于 git 克隆

225

操作的 URL(图 7-17)，需要将该 URL 配置为本地 git 存储库(该库中包含需要部署的代码)的远程存储库。

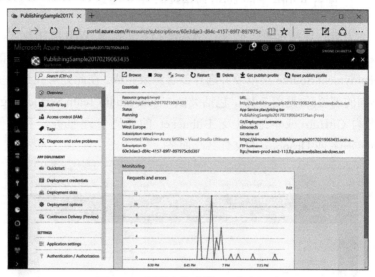

图 7-17　概览窗格中的 git 克隆网址

2. 配置本地存储库

现在，必须将某些代码推送到 Azure 存储库。有多种方法可以完成该操作。方法之一是克隆空的存储库并在其中创建一个应用程序。另一种方法是在 Visual Studio 中创建应用程序，并在创建项目对话框中选中 Add to Source Control 复选框。对于本例而言，必须将 Azure 上的 git 存储库指定为本地存储库的远程存储库。可以通过很多方式来实现该操作，但在 Visual Studio 中，可以在 Team Explorer 中的 Repository Settings 区域配置远程存储库(图 7-18)。

现在，即可从 Visual Studio 或从命令行中将代码直接推送到远程存储库。作为推送操作的一部分，Azure 会启动发布命令，该命令将还原所有 NuGet 包，并使用项目文件生成应用程序。每次提交操作被推送到存储库时，都会启动发布过程，从而有效地实现持续部署场景。

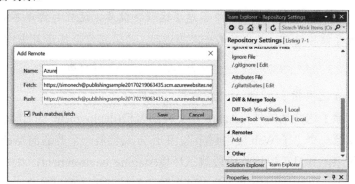

图 7-18　在 Visual Studio 中添加远程存储库

在 Azure 门户上，可以看到部署列表以及每个部署的日志。可以使用前文中用于配置 Deployment Source 的同一个菜单项，访问部署列表及日志(图 7-19)。

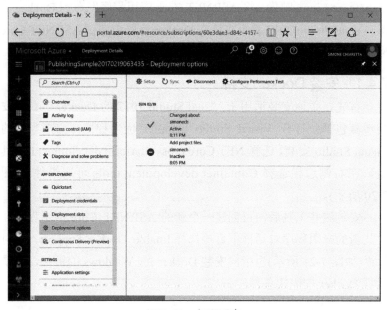

图 7-19　部署列表

注意

如果在 Visual Studio 中创建了远程存储库，远程存储库不会被本地存储库追踪，因此在第一次推送时，必须在命令提示符中输入：

```
git push -u azure master
```

-u 选项指示 git 开始追踪远程存储库分支。

除了这些功能外，Azure 还支持部署槽(deployment slot)概念。它就像一个"子 Web 应用程序"，工作方式类似一个普通的 Web 应用程序，并且可以用作阶段测试环境(staging environment)。将该槽切换到生产用应用程序之前，可在阶段测试环境上测试部署。

7.4 部署到 Docker 容器

Visual Studio 2017 还支持利用微软提供的用于 Docker 的官方 aspnetcore Linux 映像，将 ASP.NET Core 应用程序发布到 Docker 容器。Visual Studio 2017 甚至支持在 Docker 容器中调试 ASP.NET Core 应用程序，但此功能默认并未安装，因此需要几个步骤来实现。

7.4.1 安装 Docker 支持

首先，必须安装适用于 Visual Studio 2017 的 Docker 工具。安装步骤包括：打开 Visual Studio Installer 应用程序，修改当前的 Visual Studio 安装，选择.NET Core cross-platform development 工具集，在右侧边栏选择 Container development tools 可选组件(如图 7-20 所示)。

安装这些工具后，可创建一个新的 ASP.NET Core 应用程序，并从新的应用程序对话框中直接选择 Enable Docker Support。该对话框(如图 7-21 所示)也指向安装 Docker for Windows 的链接，这是运行 Docker 的先决条件。

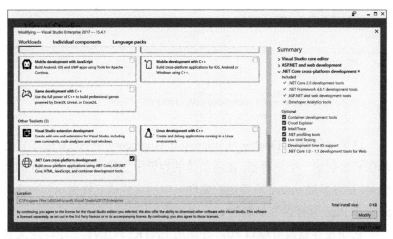

图 7-20　.NET Core 跨平台开发工作负载对话框

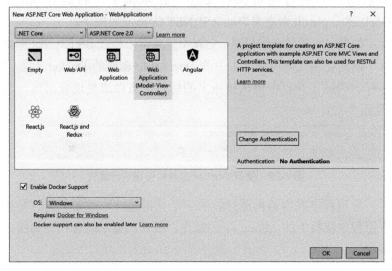

图 7-21　选中 Enable Docker Support 选项

这会在项目中添加一些文件，其中最重要的文件是 Dockerfile。
该文件包含 Docker 用于构建容器的指令信息。Visual Studio 2017 使
用的 Dockerfile 文件内容如代码清单 7-2 所示。

代码清单 7-2：Dockerfile

```
FROM microsoft/aspnetcore:2.0
ARG source
WORKDIR /app
EXPOSE 80
COPY ${source:-obj/Docker/publish} .
ENTRYPOINT ["dotnet", "DockerSample.dll"]
```

这个文件指示 Docker 从 microsoft/aspnetcore 中的 2.0 版本官方映像开始创建一个新容器,在新创建的容器中创建一个名为 app 的文件夹,并将参数 source 所指定的文件夹中的文件或文件夹 obj/Docker/publish 内的所有内容复制到 app 文件夹。

它还使容器监听端口 80,并使用 ENTRYPOINT 命令,定义容器启动时将运行的可执行文件。在本例中,将运行 dotnet DockerSample.dll 命令来启动 ASP.NET Core 应用程序。

如果现在调试应用程序,它将不像通常那样在 IIS Express 中运行,而是在由代码清单 7-2 中的 Dockerfile 创建的 Docker 容器内运行。通过工具栏中调试按钮上的标签也可以清楚地看出这一点(见图 7-22)。

图 7-22 使用 Docker 工具栏按钮进行调试

应用程序在容器内运行的另一个证据是,可用如下代码替换应用程序模板中的 About(关于)操作,该代码显示运行代码的操作系统。

```
public IActionResult About()
{
    ViewData["Message"] = System.Runtime.InteropServices.
    RuntimeInformation.OSDescription;
    return View();
}
```

当程序在Docker内运行时，该操作会显示Linux Moby(见图7-23)，这是微软官方 aspnetcore docker 映像所使用的 Linux 发行版。

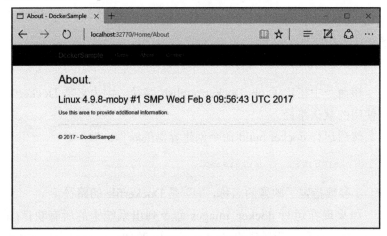

图 7-23　Docker 中的操作系统

如果想将 Docker 添加到已经创建的应用程序中，可从 Solution Explorer 的 Add 菜单中执行此操作(见图 7-24)。

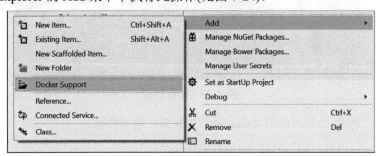

图 7-24　从 Add 菜单中选择 Docker Support

7.4.2　发布 Docker 映像

在 Visual Studio 2017 中，也可将 Docker 映像直接发布到 Azure，方式是使用常规的 Publish 对话框，选择 Container Registry，然后按照本章前面所介绍的相同步骤操作。但如果只想让映像在自己的

Docker 服务器上运行，怎样做呢？目前，必须依靠命令行工具，包括 dotnet 命令和 docker 命令。

在项目文件夹上打开命令提示符后，首先使用 dotnet publish 命令发布应用程序：

```
dotnet publish -o obj/Docker/publish
```

该命令中指定了 obj/Docker/publish 路径，因为它是 Dockerfile 中使用的默认路径。

然后运行 docker build 命令创建容器的映像：

```
docker build -t dockersample .
```

-t 参数指定了映像的名称，"."是 Dockerfile 的路径。

如果现在运行 docker images 命令列出系统中的所有映像(见图 7-25)，将看到新创建的 dockersample 映像，以及用于构建该映像的刚从 docker 存储库下载的 microsoft/aspnetcore。

图 7-25　映像列表

现在，即可使用 docker run 命令直接运行映像：

```
docker run -t -p 8080:80 dockersample
```

参数-p 告诉 docker 守护进程，将容器的端口 80 重定向到宿主机的端口 8080。现在转到 URL 地址 http://localhost:8080 即可访问该应用程序。

如果想将映像迁移到另一台服务器，可以使用 docker save 命令将其保存到磁盘，并将保存的文件复制到目的服务器，然后使用

docker load 命令加载它。

7.5　本章小结

　　使用 ASP.NET Core 托管与使用经典 ASP.NET 托管有所不同。这样的模型看起来貌似是技术倒退，但在下一章中将看到，这样做允许在不同于 IIS 的 Web 服务器(甚至在不同操作系统)上托管 ASP.NET Core 应用程序。为了支持部署 ASP.NET Core 应用程序所需的额外步骤，支持将应用程序投入生产的构建系统，以及获得向其他操作系统发布的能力，微软开发了一系列更好的部署工具。从简单的本地服务器手动部署到利用阶段测试环境的连续部署，Visual Studio 中提供的工具均可简化操作。但是如何部署到其他操作系统呢？第 8 章将介绍如何在没有 Visual Studio 帮助的情况下开发 ASP.NET Core 应用程序，甚至开发可在 macOS 操作系统上运行的应用程序。

第 **8** 章

非 Windows 环境中的开发

本章主要内容:

- 如何在 Mac 机上设置 ASP.NET 环境
- Visual Studio Core
- 在 Mac 上承载 ASP.NET Core
- 使用命令行工具

虽然本书的前七章已然涵盖了从 Visual Studio 中项目的基础设置，到将最终解决方案部署在 Azure 上等 ASP.NET Core 前端开发的方方面面工作。不过至此仍未涉及.NET Core 的一个主要功能，即跨平台支持。

本章的全部内容就是介绍跨平台功能。实际上，虽然本章中使用的所有流程和示例都是使用 Mac，但是也可以将其用于 Linux 计算机，甚至是没有安装 Visual Studio 的 Windows 计算机上。

下面将通过在 Mac 上安装 ASP.NET Core 开始学习旅程。

本章代码下载

本章的相关代码可通过网站 www.wrox.com 下载。搜索该书的 ISBN(978-1-119-18131-6)，可在第 8 章的下载部分找到对应代码。

8.1　在 macOS 上安装.NET Core

在 Windows 上安装.NET Core 很容易，因为它随 Visual Studio 一起发布。但是在 Mac 和 Linux 计算机，以及在没有 Visual Studio 的 Windows 计算机上，.NET Core 框架和 SDK 必须手动安装。

可从.NET Core 网站 https://www.microsoft.com/net/core 下载用于 macOS 的官方.NET Core SDK 并安装。

为确保一切都已正确安装，可按第 1 章中介绍过的同样流程进行检查。基本操作是在终端中，进入一个新建的文件夹并输入 dotnet new console。这将创建一个最基本的控制台应用程序(与代码清单 1-1 中的相同)。然后输入 dotnet restore 以下载所需的所有软件包(包括主体 CoreCLR)，最后，输入 dotnet run 运行程序。

结果应该类似图 8-1 所示。

图 8-1　在 macOS 上创建第一个控制台 app

注意

在 Linux 上，安装的具体流程取决于运行的发行版，但与 macOS 的安装十分类似。使用发行版附带的软件包管理工具下载前提条件包，下载二进制文件，并解压它们。有关各个发行版如何安装的具体指南可以在微软.NET Core 网站 https://www.microsoft.com/net/core 找到。支持的发行版包括 Red Hat Linux 企业版 7、Ubuntu 14/16、Mint 17/18、Debian 8、Fedora 23/24、CentOS 7.1、Oracle Linux 7.1 以及 openSUSE 13.2 和 42.1 等版本，并且还在经常增加新版本。

8.2　在 macOS 上构建第一个 ASP.NET Core 应用程序

应用程序可以如前文所述一样，使用 dotnet 命令行接口创建，也可以使用一个更高级的工具，比如 Yeoman。

8.2.1　使用 dotnet 命令行界面

创建一个 ASP.NET Core 应用程序的最简单方式是使用 dotnet new 命令，并使用 mvc 参数指定新应用程序的类型。这将创建一个网站，该网站类似于在 Visual Studio 中新建 ASP.NET Core 项目时创建的默认设置(网站)。

Restore 命令是自动执行的，所以可以直接使用 run 命令，即可得到一个可正常运行的默认网站。

命令行的输出如图 8-2 所示，而生成的网站则如图 8-3 所示。

图 8-2　在 macOS 上创建一个示例 Web 应用程序

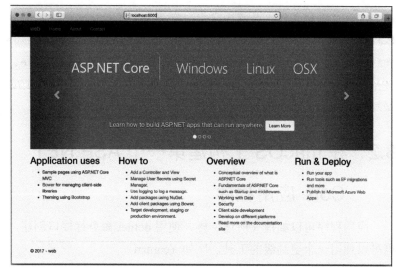

图 8-3　运行在 macOS 上的示例网站

对于其他类型项目，也有对应的项目模板可用，例如类库(参数为 classlib)、测试(mstest 或 xunit 参数)以及其他类型的 Web 项目(Web 参数建立一个空 Web 项目以及 webapi 参数)等。以后还可以加入新的工程。可以通过更新工具或从社区下载模板实现该操作。要查看系统中可用的模板列表，可输入命令 dotnet new--show-all(如图 8-4 所示)。

通过使用模板选项也可以控制创建项目操作。例如，对于类库，可通过-f 或--framework 选项指定框架的版本(netcoreapp2.0 或 netstandard2.0)。MVC 项目模板可以选择是否使用 membership 身份验证机制(以及大量其他选项)，数据库方面则既可以使用跨平台的 SQLite，也可以使用 Windows 的 LocalDB。要查看模板专属的选项，可输入命令 dotnet new <模板名> --help。MVC 模板的选项如图 8-5 所示。

图 8-4　项目模板列表

图 8-5　MVC 项目模板的选项

因此,可通过输入以下命令创建一个具有 membership 身份验证的 MVC 项目:

```
dotnet new mvc -au Individual
```

上述命令中创建的项目同样是一个全堆栈跨平台项目的例子,因为它也包括了身份验证提供程序,该提供程序使用 Entity Framework Core 将用户数据保存到一个数据库中。和使用 Visual Studio 创建的同类项目不同的是,该项目使用的是 SQLite 而不是 SQL Server,因此在 Windows 和 Mac 计算机上均可运行。

在能够正常运行该项目(包括将一份新的登录信息保存到数据库的那部分代码)之前,必须运行 Entity Framework 迁移。该操作可通过在 dotnet 命令行界面使用 Entity Framework 工具完成。

```
dotnet ef database update
```

Entity Framework 迁移

在创建一个项目时,其中并不包含数据库。为创建数据库以及所需的所有数据表,必须运行一个特定的设置过程。该操作是通过运行数据库迁移完成的。这部分将在第 9 章中进行更详细地介绍。

使用 dotnet 命令行接口,还可以加入对 NuGet 包(例如 dotnet add package Newtonsoft.Json)和其他项目(dotnet add reference../lib/lib.csproj)的引用。当然,也可以通过 remove 命令删除这些引用。

8.2.2　使用 Yeoman

作为 SDK 的一部分,dotnet 命令行接口是创建 ASP.NET Core 应用程序的一种非常方便的方式,但该方式的灵活性并不是很高。为解决该问题,.NET 社区开发了一些 Yeoman 的生成器。Yeoman 是一种通用的"脚手架"和代码生成工具。在前端开发社区中广泛使用,用于按照最佳实践指出的文件夹设置和工具配置,为多种框架(例如 Angular)创建项目。

首先必须安装 Yeoman 脚手架工具。和本书前文介绍的所有工具一样，该工具使用 npm 安装：

```
npm install -g yo
```

然后需要安装官方 ASP.NET 代码生成器，同样，也是通过 npm 进行安装：

```
npm install -g generator-aspnet
```

yo 是用于运行生成器的命令行工具。要启动该工具，只需要在终端窗口中输入 yo。

注意

尽管 Yeoman 并不严格地依赖于 Bower 和 gulp，但大多数生成的项目都会使用它们，所以如果你是跳过第 5 章和第 6 章而直接阅读本章的话，可能也希望安装它们。

现在可选择要运行哪个生成器(如果是首次使用该工具，则只有刚安装的 aspnet 可用)，Yeoman 的生成器选择界面如图 8-6 所示。

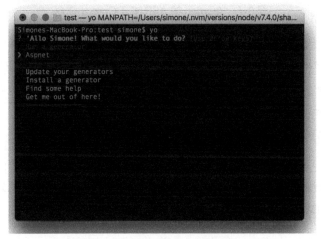

图 8-6　Yeoman 的生成器选择界面

选择 aspnet 后，就会出现另一个菜单，其中列出了可以生成的所有类型的 ASP.NET Core 项目(图 8-7)。可在终端中输入 yo aspnet 直接将 Yeoman 启动到这个菜单。

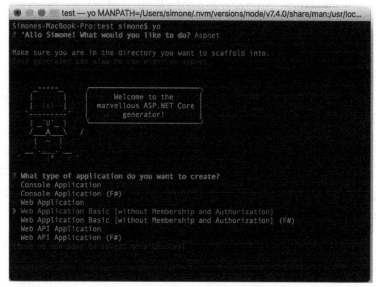

图 8-7　Yeoman 的 ASP.NET Core 生成器

在可用选项中，可看到 Web Application Basic(基本 Web 应用程序)，它指向没有 membership 身份验证和授权机制的 ASP.NET Core 应用程序模板。如果选择该选项，则将询问需要使用的用户界面框架(可在 Bootstrap 和 Semantic 用户界面之间进行选择)。

最后，选择应用程序的名称并按下回车键。

在界面上，可以查看安装进度。首先创建文件和文件夹，然后从软件库中获取依赖的 Bower 软件。在过程的最后，界面上会显示如何构建和启动应用程序的信息。

8.3　Visual Studio Code

既然项目已经生成，现在需要的是一个文本编辑器，用于编写一些有用的代码，可能还需要 IntelliSense 以及程序调试功能。为此，微软开发了 Visual Studio Code，它是一种基于文本的通用开放源代码 IDE(集成开发环境)。

8.3.1　设置 Visual Studio Code 环境

可从 https://code.visualstudio.com/下载 Visual Studio Code。和许多其他文本编辑器一样，它可以通过扩展程序进行扩展。一种扩展是增加对 C#的 IntelliSense 支持，以及增加 ASP.NET Core 应用程序调试功能。为安装该扩展，请打开"扩展"窗格并输入@recommended。此时将显示推荐的扩展程序列表，可以从中找到提供 C#支持的扩展。

在安装并启用该扩展程序后，打开包含使用 dotnet 命令行界面或 Yeoman 创建的 Web 应用程序的文件夹。C#扩展将检查文件，并要求添加正常工作所需的两个配置文件：launch.json 和 tasks.json。如果此时尚未恢复依赖关系，则需要进行恢复，如图 8-8 所示。

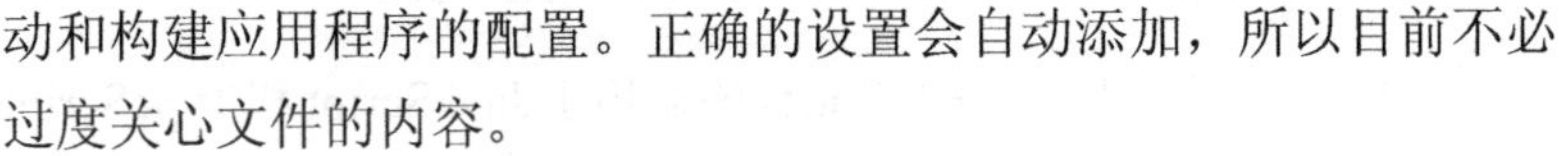

| Warn | Required assets to build and debug are missing from 'web'. Add them? | Don't Ask Again | Not Now | Yes |
| Info | There are unresolved dependencies from 'web.csproj'. Please execute the restore command to continue. | | Restore | Close |

图 8-8　Visual Studio Code 中的依赖关系警告信息

此后，这两个文件将保存在.vscode 文件夹中，它们包含用于启动和构建应用程序的配置。正确的设置会自动添加，所以目前不必过度关心文件的内容。

在 Visual Studio Code 中安装 C#支持

在安装扩展程序后第一次打开.NET Core 项目时，将安装所有本机调试器和运行库，因此在开始使用前还需要耐心等待几分钟。扩展程序还会在每次启动时检查调试器和运行库的更新情况，因此当有新更新时，也需要执行该下载。不过不必担心，一切都在后台执行。

8.3.2　Visual Studio Code 的开发特性

进行正确配置后，Visual Studio Code 就成为一个基于代码的、用于构建.NET Core 应用程序的、功能完备的 IDE。下面介绍它的主要特性。

1. 智能提示

得益于 C#扩展程序，Visual Studio 代码可以提供智能提示 (IntelliSense)、代码自动完成、语法高亮显示以及类似标准 Visual Studio 的上下文关联帮助，如图 8-9 所示。

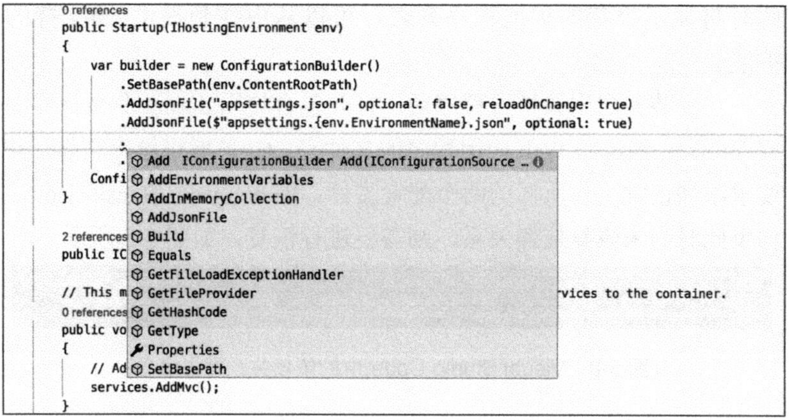

```
0 references
public Startup(IHostingEnvironment env)
{
    var builder = new ConfigurationBuilder()
        .SetBasePath(env.ContentRootPath)
        .AddJsonFile("appsettings.json", optional: false, reloadOnChange: true)
        .AddJsonFile($"appsettings.{env.EnvironmentName}.json", optional: true)

          .            Add  IConfigurationBuilder Add(IConfigurationSource ...
    Confi     AddEnvironmentVariables
}                AddInMemoryCollection
                 AddJsonFile
2 references     Build
public IC        Equals
                 GetFileLoadExceptionHandler
// This m        GetFileProvider                              vices to the container.
0 references     GetHashCode
public vo        GetType
{                Properties
    // Ad        SetBasePath
    services.AddMvc();
}
```

图 8-9　Visual Studio Code 中的智能提示

该功能并不局限于.NET Code，还适用于 JavaScript 和 TypeScript (受到 Visual Studio Code 的支持)，以及 CSS、HTML 和 Sass 等语言。

2. 重构

一些你已在 Visual Studio 中习惯的重构和代码导航功能在

Visual Studio Code 中同样可用。可使用"跳转到定义(Go to Definition)""查找所有引用(Find All References)""重命名符号(Rename Symbol)""查阅定义(Peek Definition，如图 8-10 所示)"等功能。

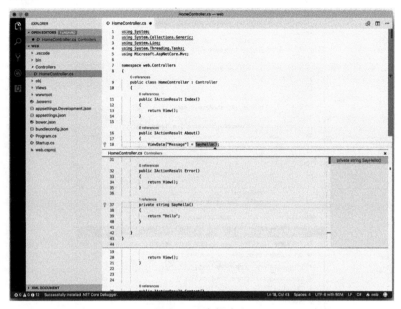

图 8-10　查阅定义

3. 错误和改正建议

和它的"老大哥"Visual Studio 一样，Visual Studio Code 也可以在存在问题的代码行下加注红色下划线。在某些情况下，它还可以显示一个灯泡图标，提出如何解决错误的建议，如图 8-11 所示。

Visual Studio Code 还将所有问题和错误显示在"问题(Problem)"面板中，该面板可通过单击状态栏的错误计数来激活，如图 8-12 所示。

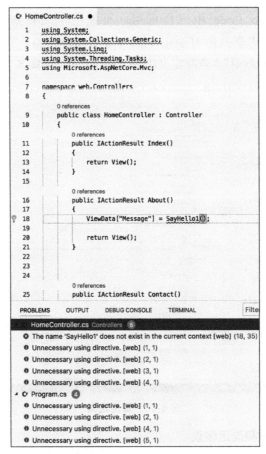

图 8-11　突出显示错误

图 8-12　状态栏错误计数

4．调试

调试所编写的代码可能是一个最重要的 IDE 功能。Visual Studio
Code 的这项能力确实出类拔萃。

只要将前述的配置文件 tasks.json 和 launch.json 置于程序文件夹中，调试.NET 应用程序简单得就像单击工具栏中的 Run 按钮，并在代码中设置断点，如图 8-13 所示。

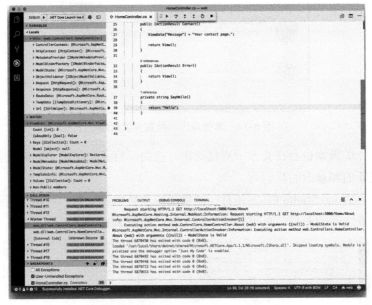

图 8-13　调试 ASP.NET Core 应用程序

与其他功能类似，调试功能也适用于安装了对应扩展程序的语言，例如 JavaScript、TypeScript 或 Node.js。

5. 版本控制

Visual Studio Code 另一个有价值的功能是集成了对版本控制系统的支持。Visual Studio Code 附带 git 客户端，该客户端具备一个可用于提交、同步、拉取和推送等最常用功能的简单用户界面。如果需要更丰富的控制功能，它还有一个更偏向文本式的界面(通过命令面板)。此外，也有其他版本控制系统可供下载(以扩展程序形式)，如 Visual Studio Team Services 等，如图 8-14 所示。

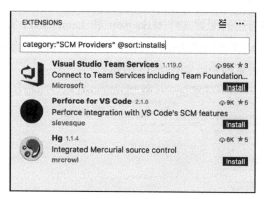

图 8-14　其他源代码控制提供程序

编辑器也会在文本中直接给出一些提示信息，使用不同颜色标记新的和修改的代码行。

Visual Studio Code 还有一个集成的文件比较工具，可用于显示版本之间的差异，也可比较任意文件，如图 8-15 所示。

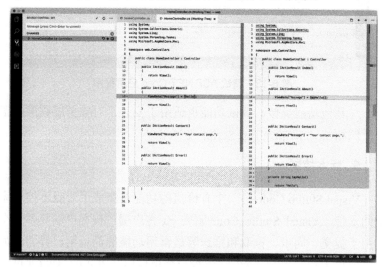

图 8-15　Diff 窗口

6. 任务

Visual Studio Code 支持任务执行程序，所以可以直接从命令面板运行 gulp 和 Grunt 任务。也可以通过在 tasks.json 文件中指定以运行任何其他类型的命令，该文件正是前文介绍设置 C#扩展程序时提到的那一个。

tasks.json 文件的基本结构如代码清单 8-1 所示。要运行的命令在 command 属性中指定，接下来可以指示要使用指定命令的任务。对于本示例代码，只有一个指定的任务，其 taskName 属性为 build，并将当前的.csproj 文件作为其参数。本示例代码还指示 Visual Studio Code 将该任务用作项目的默认构建命令(isBuildCommand 属性)，并指定任务的输出将由一个"问题匹配器"($msCompile)进行扫描，以在编辑器和问题面板中报告错误和问题。

代码清单 8-1　tasks.json 文件

```json
{
    "version": "0.1.0",
    "command": "dotnet",
    "isShellCommand": true,
    "args": [],
    "tasks": [
        {
            "taskName": "build",
            "args": [
                "${workspaceRoot}/web.csproj"
            ],
            "isBuildCommand": true,
            "problemMatcher": "$msCompile"
        }
    ]
}
```

7. 其他功能

Visual Studio Code 包含的有价值功能如此之多，以至于光是描述它们就可能占据本书的一半篇幅。除了上文所述，它还包括现代文本编辑器的所有典型功能。它具有可自动扩展的集成代码片段库，以便更快地输入代码。它还具有前面已经介绍过的命令调色盘，可以通过该调色盘，便捷地访问编辑器及其扩展程序提供的所有命令(甚至包括那些没有显式提供菜单项的命令)。在 Visual Studio Code 中，还可以直接与终端窗口进行交互，而不必打开外部应用程序。

更重要的是，Visual Studio Code 是可扩展的，可以很容易地按需添加新的语言和功能支持。例如，本书就是完全使用 Visual Studio Code 及其标记语言支持撰写完成的。

要更详细地探索 Visual Studio Code 的功能，请访问其官方网站 code.visualstudio.com。

8.3.3　OmniSharp

所有这些功能，就其对.NET Core 的支持而言，都可以归功于 OmniSharp。OmniSharp 是一组开源软件项目，这些项目共同致力于将.NET 开发引入到任意文本编辑器中。

这些项目的基础层是一个运行 Roslyn 的服务器，分析在编辑器中打开的项目文件。

在服务器之上，是一套 API(基于 REST，使用 HTTP 或管道承载)，该 API 使得客户端(利用相应扩展程序的文本编辑器)得以通过查询代码模型，获取 IntelliSense、参数信息、对某个变量的引用，或是某个方法的定义等数据。

该架构的顶层则完全属于编辑器专属的扩展程序，该扩展程序以用户友好的方式显示从 OmniSharp 服务器检索到的信息。顶层还包括那些纯属客户侧的功能，如代码格式化或代码片段扩展。扩展程序也负责与调试器交互，并提供调试代码需要的所有功能。

人们已针对市场上最流行的文本编辑器开发了 OmniSharp 扩展程序。除了 Visual Studio Code，还有 Atom、Vim、Sublime 甚至 Emacs 的扩展。这意味着你可以继续使用所喜爱的文本编辑器，并且仍然能够享受由 OmniSharp 赋予的丰富代码编辑体验的所有优点。

8.3.4　其他 IDE

如前所述，OmniSharp 支持使用其他文本编辑器，如 Atom、Sublime、Vim 和 Emacs 开发.NET Core 应用程序。但是，所有这些文本编辑器都缺乏对大多数开发者所使用的许多 Visual Studio 代码重构插件(例如 ReSharper 和类似的工具等)的支持。

为弥补这一差距，JetBrains(开发 ReSharper 的公司)决定扩大其 IDE 产品线。它正在开发 Project Rider，这是一款基于 IntelliJ 平台的完备 IDE，包括所有 ReSharper 的重构特性。

该项目仍在开发中，但考虑到 ReSharper 在.NET 开发者中的流行程度，以及该公司其他工具(尤其是用于 JavaScript 开发的 WebStorm)的普及，Rider 很可能在基于文本的 C#集成开发环境市场中成为重要角色之一。

微软同样推出一款运行在 Mac 系统上的"完整"版 Visual Studio，如果你感兴趣，可从网址 https://www.visualstudio.com/vs/visual-studio-mac/下载。

8.4　使用命令行工具

在你阅读前面的章节时，可能只是蜻蜓点水地浏览了如何通过命令行来使用各种前端工具的内容。Visual Studio 已经集成了对这些工具的支持，因此不必学习它们的命令行界面。

当使用 Visual Studio Core(或你喜爱的文本编辑器)时，其中一些将无法使用，所以需要开始使用命令行。

笔者建议你回顾本书前面的章节，并复习关于各种工具的命令行用法。表 8-1 提供了一个简短的"备忘单"，其中包含可能需要的最常用命令。

表 8-1　有用的命令行工具

命令	说明
npm install <*package*> --save	安装依赖关系并保存在本地项目中
npm update	恢复已定义的所有依赖关系
bower install <*package*> --save	安装依赖关系并保存在本地项目中
bower install	恢复所有软件包
gulp <*taskname*>	运行 gulp 任务
dotnet restore	恢复.NET Core 依赖关系
dotnet publish	发布一个.NET Core 项目

8.5　本章小结

　　甚至在 CoreCLR 面世之前，通过使用 Mono，就可以在非 Windows 计算机上运行 ASP.NET，但通常认为它更像是一个玩具，而不是企业愿意用于生产环境的成熟产品。并且，IDE 还不够稳定，无法让开发者直接在 Mac 上开发应用程序。因此当时"跨平台"一词更多指在 Linux 计算机上运行最终软件的能力。

　　顺应.NET Core 和 Visual Studio Code 的出现，"跨平台"概念也变为"不使用 Visual Studio 和 Windows 开发"。

　　Visual Studio Code 不仅适用于 Mac 和 Linux 用户，它也可以在 Windows 上运行，许多开发者现在开始使用 Visual Studio Code，作为更耗资源的 Visual Studio 的替代品。实际上，本章也可以命名为"不使用 Visual Studio 进行开发"。

　　至此，本书已经分别介绍了前端开发的所有方面，从 ASP.NET Core 的服务器端部分到 JavaScript 和 CSS 客户端，以及第三方软件包的管理和云端的部署。接下来学习如何构建一个麻雀虽小、五脏俱全的现代 ASP.NET Core Web 应用程序。

第 **9** 章

综 合 运 用

本章主要内容:

- 如何使用 Entity Framework Core
- 使用 OAuth 给用户授权
- 利用 Visual Studio 基架机制的优势

通过前面章节的学习,你已经学习了使用 ASP.NET Core 开发和部署现代 Web 应用程序所需的各种技术和语言,但尚未将它们组合运用,打造一个完整的应用程序。

本章将填补这一鸿沟,并展示如何将所有技术综合运用,构建一个实际的应用程序(的一部分)。在此过程中,它展示了前几章未涉及的 ASP.NET Core 的一些功能,例如使用 OAuth(Facebook 或 Twitter)进行身份验证,以及使用 Entity Framework Core 进行数据持久化。

本章代码下载

本章的相关代码可通过网站 www.wrox.com 下载。搜索该书的 ISBN(978-1-119-18131-6)，可在第 9 章的下载部分找到对应代码。

9.1 构建一个铁人三项赛成绩网站

你可能已经从其他章节的一些示例中猜到，笔者正在参与铁人三项赛。尽管协助径赛训练的网络应用程序的质量非常高，但大部分关于赛事注册和成绩公布的网站都还停滞在至少 10 年前的状态，很少有比赛跟踪网站对不同赛事的成绩进行实时跟踪和比较。

本章中用作示例的应用程序是此类 Web 应用程序的一个非常简单的版本。

整个网站由 3 个主要子网站组成：

- 后台(back office)，管理员可以创建比赛、输入成绩、注册运动员，并对数据进行任何手动干预操作。
- 公开网站，用户可以报名参赛，公众可以跟踪运动员的成绩并查看比赛的最终排名。
- 一组 API，可以通过物联网设备(例如计时地毯或 GPS 跟踪器)调用以更新赛道中运动员的成绩或位置。

显然，本章提供的示例并未实现该项目的全部功能集，仅用于展示开发流程和本书中所介绍技术的一些应用示例。

如果你对功能完备的铁人三项比赛追踪网站感兴趣，可以登录笔者的 GitHub 存储库 http://github.com/simonech/TriathlonRaceTracking 并克隆该存储库。

9.2 构建后台网站

后台网站是一个传统的 Web 应用程序，并不使用 Angular 或其他单页面应用程序框架。它使用 Bootstrap 简化网站界面美化工作，

并使用 ASP.NET Core MVC 的功能(如标签帮助程序)简化重复性的
编辑屏幕的创建。

要构建这个项目,可以使用 MVC 应用程序项目模板(图 9-1)。
该操作建立了一个项目,其中包含了 MVC 项目需要的所有依赖项。

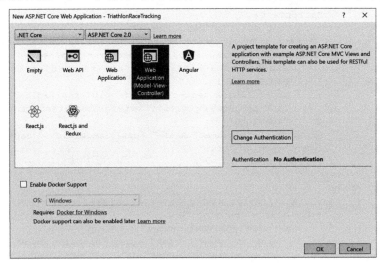

图 9-1 选择模板

第一步是构建后台网站的总体布局,以及访问网站各个区域的
菜单。项目模板中已经安装了 Bootstrap,因此为网站的各种功能设
计菜单栏十分简单。

菜单将包含指向后台各个部分的链接:比赛、运动员和成绩。
代码清单 9-1 中展示了后台网站的主布局,包括导航栏和项目模板
添加的所有脚本引用。

代码清单 9-1:Views/Shared/_Layout.cshtml

```
<!DOCTYPE html>
<html>
<head>
    <meta charset="utf-8" />
    <meta name="viewport" content="width=device-width, initial-
```

```
scale=1.0" />
<title>@ViewData["Title"] - TriathlonRaceTracking</title>

<environment include="Development">
    <link rel="stylesheet" href="~/lib/bootstrap/dist/
    css/bootstrap.css" />
    <link rel="stylesheet" href="~/css/site.css" />
</environment>
<environment exclude="Development">
    <link rel="stylesheet" href="https://ajax.aspnetcdn.
    com/ajax/bootstrap/3.3.7/css/bootstrap.min.css"
        asp-fallback-href="~/lib/bootstrap/dist/css/
        bootstrap.min.css"
        asp-fallback-test-class="sr-only" asp-fallback-
        test-property="position" asp-fallback-test-value=
        "absolute" />
    <link rel="stylesheet" href="~/css/site.min.css" asp-
    append-version="true" />
</environment>
</head>
<body>
    <nav class="navbar navbar-inverse navbar-fixed-top">
        <div class="container">
            <div class="navbar-header">
                <button type="button" class="navbar-toggle"
                data-toggle="collapse" data-target=".navbar-
                collapse">
                    <span class="sr-only">Toggle navigation</span>
                    <span class="icon-bar"></span>
                    <span class="icon-bar"></span>
                    <span class="icon-bar"></span>
                </button>
                <a asp-area="" asp-controller="Home" asp-action=
                "Index" class="navbar-brand">TriathlonRaceTracking
                </a>
            </div>
            <div class="navbar-collapse collapse">
                <ul class="nav navbar-nav">
                    <li class="dropdown">
                        <a href="#" class="dropdown-toggle"
                        data-toggle="dropdown">Races <span class=
                        "caret"></span></a>
                        <ul class="dropdown-menu">
                            <li><a asp-area="" asp-controller=
                            "Races" asp-action="Create">Add Race
                            </a></li>
```

```
                    <li><a asp-area="" asp-controller=
                    "Races" asp-action="Index">List Races
                    </a></li>
                </ul>
            </li>
            <li class="dropdown">
                <a href="#" class="dropdown-toggle" data-
                toggle="dropdown">Athletes <span class=
                "caret"></span></a>
                <ul class="dropdown-menu">
                    <li><a asp-area="" asp-controller=
                    "Athletes" asp-action="Create">Add
                    Athlete</a></li>
                    <li><a asp-area="" asp-controller=
                    "Athletes" asp-action="Index">List
                    Athletes</a></li>
                </ul>
            </li>
            <li><a asp-area="" asp-controller="Results"
            asp-action="Index">Results</a></li>
            <li><a asp-area="" asp-controller="Home"
            asp-action="About">About</a></li>
        </ul>
    </div>
    </div>
</nav>
<div class="container body-content">
    @RenderBody()
    <hr />
    <footer>
        <p>&copy; 2017 - TriathlonRaceTracking</p>
    </footer>
</div>

<environment include="Development">
    <script src="~/lib/jquery/dist/jquery.js"></script>
    <script src="~/lib/bootstrap/dist/js/bootstrap.js">
    </script>
    <script src="~/js/site.js" asp-append-version=
    "true"></script>
</environment>
<environment exclude="Development">
    <script src="https://ajax.aspnetcdn.com/ajax/jquery/
    jquery-2.2.0.min.js"
            asp-fallback-src="~/lib/jquery/dist/jquery.
            min.js"
```

```
            asp-fallback-test="window.jQuery"
            crossorigin="anonymous"
            integrity="sha384-K+ctZQ+LL8q6tP7I94W+
            qzQsfRV2a+AfHIi9k8z8l9ggpc8X+Ytst4yBo/hH+8Fk">
    </script>
    <script src="https://ajax.aspnetcdn.com/ajax/bootstrap/
    3.3.7/bootstrap.min.js"
            asp-fallback-src="~/lib/bootstrap/dist/js/
            bootstrap.min.js"
            asp-fallback-test="window.jQuery && window.
            jQuery.fn && window.jQuery.fn.modal"
            crossorigin="anonymous"
            integrity="sha384-Tc5IQib027qvyjSMfHjOMaLkfu
            WVxZxUPnCJA7l2mCWNIpG9mGCD8wGNIcPD7Txa">
    </script>
    <script src="~/js/site.min.js" asp-append-version=
    "true"></script>
    </environment>

    @RenderSection("Scripts", required: false)
</body>
</html>
```

使用 Bootstrap 创建的导航栏直接链接到控制器内的各种操作。该功能是利用链接标签帮助程序实现的，后者只需要指定链接控制器中操作的名称，即可生成对应的操作。

```
<a asp-area="" asp-controller="Athletes" asp-action="New">
Add Athlete</a>
```

除了导航栏外，代码清单 9-1 还显示了许多链接标签帮助程序的用法，例如用于依据站点运行环境呈现不同内容的 environment，以及 link，link 帮助程序添加对 CDN(或者本地，如果 CDN 宕机)的 JavaScript 或 CSS 文件的直接引用。

下面的示例实现列出、创建和编辑比赛的界面。一场比赛是由一定数量的文本信息和一系列中间计时点组成的，每个计时点可能定义比赛的一段分赛道。为开始实现工作，首先需要设置数据库。

9.2.1 设置 Entity Framework

数据持久性有多种选择。可以使用像 Entity Framework 这样的 ORM 连接到标准的 SQL 数据库，也可以使用文档型数据库。对于本例，最简单的解决方案是使用 Entity Framework Core(也称为 EF Core)。

1. 对象模型

要使用 Entity Framework Core，第一步是定义应用程序的对象模型，而不必担心如何创建底层数据库表。在本例的简单场景中，将使用两个具有一对多关系的类：

- 一个 Race 类，其中存储一场比赛的主要信息
- 一个 TimingPoint 类，用于指定计时地毯的放置位置

这两个类分别如代码清单 9-2 和 9-3 所示。

代码清单 9-2：Models/Race.cs

```
using System;
using System.Collections.Generic;

namespace TriathlonRaceTracking.Models
{
    public class Race
    {
        public int ID { get; set; }
        public string Name { get; set; }
        public string Location { get; set; }
        public DateTime Date { get; set; }

        public ICollection<TimingPoint> TimingPoints { get; set; }
    }
}
```

代码清单 9-3：Models/TimingPoint.cs

```
namespace TriathlonRaceTracking.Models
{
    public enum TimingType
    {
        Start,
```

```
        SwimEnd,
        BikeStart,
        BikeEnd,
        RunStart,
        End,
        Intermediate
    }

    public class TimingPoint
    {
        public int ID { get; set; }
        public int RaceID { get; set; }
        public string Name { get; set; }
        public TimingType Type { get; set; }

        public Race Race { get; set; }
    }
}
```

注意，比赛和其计时点之间的一对多关系是通过向 Race 对象中添加一个 TimingPoint 列表，并在 TimingPoint 中指定 RaceID，以及对 Race 对象的实际引用定义的。一个计时点可以定义一段分赛道的正式开始或结束，也可以是赛道中的一圈，或者其他任何在成绩这一语境中没有意义的中间点。为简单起见，它是在同一个文件中，作为一个枚举实现的。

2. EF Core 上下文

定义了对象模型后，需要在 Entity Framework 的上下文对象中注册这两个类，该对象充当数据操作的单一入口点。该应用程序的 Entity Framework 上下文如代码清单 9-4 所示。

代码清单 9-4：Data/TriathlonRaceTrackingContext.cs

```
using Microsoft.EntityFrameworkCore;

namespace TriathlonRaceTracking.Data
{
    public class TriathlonRaceTrackingContext : DbContext
    {
```

```
    public TriathlonRaceTrackingContext (DbContextOptions
    <TriathlonRaceTrackingContext> options)
        : base(options)
    {
    }

    public DbSet<TriathlonRaceTracking.Models.Race> Race
    { get; set; }

    public DbSet<TriathlonRaceTracking.Models.TimingPoint>
    TimingPoint { get; set; }
  }
}
```

另外，必须指定连接字符串并将其传递给 Startup 类中的 ConfigureServices 内的上下文对象。

```
public void ConfigureServices(IServiceCollection services)
{
  services.AddMvc();

  services.AddDbContext<TriathlonRaceTrackingContext>(
   options =>
          options.UseSqlServer( Configuration.
          GetConnectionString("TriathlonRace-TrackingContext")));
}
```

连接字符串可在 appsettings.json(见代码清单 9-5)文件中定义。

代码清单 9-5：appsettings.json

```
{
  "Logging": {
    "IncludeScopes": false,
    "LogLevel": {
      "Default": "Warning"
    }
  },
  "ConnectionStrings": {
    "TriathlonRaceTrackingContext": "Server=(localdb)\\
    mssqllocaldb;Database=TriathlonRaceTrackingContext
    -19f1651f-d333-4fe1-9301-e75c84ec0b6e;Trusted Connection=
    True;MultipleActiveResultSets=true"
  }
}
```

上下文类的创建和对 Startup.cs 以及 appsettings.json 文件的更改，是首次在 Visual Studio 2017 的 "Add Controller(添加控制器)" 对话框中搭建一个控制器时自动完成的。

3. 迁移

现在需要的是一个可用于存储 EF Core 数据的数据库。默认情况下，EF Core 从与类同名，且表中列名与属性名相同的表中获取数据，填充数据模型的对象。另外，它预期 ID 是主键，表示关系的所有信息(如代码清单 9-3 中的 RaceID)都是外键。最简单的根据默认映射约定创建正确的表和键的方法，是使用称为迁移(migration)的功能。迁移可用于首次设置数据库，但在后续开发中，添加需要新增表格(或为现有表格新增属性)的功能时，该操作更重要。

要为 Race 和 TimingPoint 这两个类创建基线迁移，首先需要安装 Microsoft.EntityFrameworkCore.Tools 包。

接下来，需要运行 Add Migration 命令，生成创建数据库方案的代码(该代码将存储在 Migrations 文件夹中)，然后执行 Update Database 命令以在数据库上运行此代码。

这两条命令可在 Visual Studio 2017 的包管理器控制台运行，或使用 dotnet 命令行工具运行。

对于第一种方法，输入以下命令：

```
pM>Add-Migration Initial
PM>Update-Database
```

如果你更喜欢使用 dotnet 命令行，在命令提示符中输入以下命令：

```
>dotnet ef migration Initial
>dotnet ef database update
```

这只是对 Entity Framework 的简要介绍，有关该技术已有多本书籍出版。笔者希望这个简短的介绍有助于你掌握构建简单应用程序所需的基础知识。

　　另一个耐人寻味的特性是可以使用初始数据对数据库进行"播种"。后面在本示例应用程序中设置数据库以供前端使用时，该功能将非常有用。

　　除了添加初始数据，还可以直接在代码中运行任意待进行的迁移。代码清单 9-6 中展示了一个简单的数据种子类，它添加了一场比赛及其计时点。

代码清单 9-6：Models/InitialData.cs

```
using Microsoft.EntityFrameworkCore;
using Microsoft.Extensions.DependencyInjection;
using System;
using System.Collections.Generic;
using System.Linq;
using System.Threading.Tasks;
using TriathlonRaceTracking.Data;

namespace TriathlonRaceTracking.Models
{
    public static class InitialData
    {
        public static async Task InitializeAsync
          (IServiceProvider service)
        {
            using (var serviceScope = service.CreateScope())
            {
                var scopeServiceProvider = serviceScope.
                ServiceProvider;
                var db = scopeServiceProvider.GetService<
                TriathlonRaceTrackingContext>();
                db.Database.Migrate();
                await InsertTestData(db);
            }
        }

        private static async Task InsertTestData
          (TriathlonRaceTrackingContext context)
        {
            if(context.Races.Any())
                return;
            var race = new Race { Name="Ironman World Championship
```

```
2017",Location="Kona, Hawaii",Date=new DateTime(
2017,10,14,7,0,0) };

var timingPoints = new List<TimingPoint>
{
    new TimingPoint{ Race=race, Name="Start",
    Type=TimingType.Start},
    new TimingPoint{ Race=race, Name="Stairs",
    Type=TimingType.SwimEnd},
    new TimingPoint{ Race=race, Name="T1 Exit",
    Type=TimingType.BikeStart},
    new TimingPoint{ Race=race, Name="Turnaround",
    Type=TimingType.Intermediate},
    new TimingPoint{ Race=race, Name="T2 Entrance",
    Type=TimingType.BikeEnd},
    new TimingPoint{ Race=race, Name="T2 Exit",
    Type=TimingType.RunStart},
    new TimingPoint{ Race=race, Name="End",
    Type=TimingType.End}
};

context.Add(race);
context.AddRange(timingPoints);
await context.SaveChangesAsync();
        }
    }
}
```

这段代码只对是否需要添加初始数据进行非常基本的检查(if (context.Races.Any()))，但在真实应用程序中可能需要更精细的操作。

要启动此过程，只需要从 Startup 类的 Configure 方法中调用 InitializeAsync 方法即可：

```
InitialData.InitializeAsync(app.ApplicationServices).Wait();
```

9.2.2　构建 CRUD 界面

现在数据库已经配置完成，接下来将构建控制器和更重要的视图。

首先创建 RacesController。如果使用 Visual Studio 的 Add Controller 向导(图 9-2 和图 9-3)，基架引擎将创建供后续扩展和构建的框架代码。

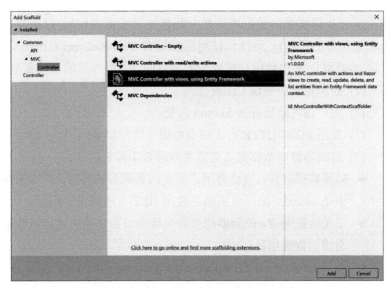

图 9-2　Add Scaffold(添加基架)对话框

警告

　　在此示例中，来自实体框架的模型也作为发送到视图的一个 ViewModel 对象使用。这样做的目的只是为避免代码过于复杂。在真正的生产级应用程序中，可能希望使用映射库(如 Automapper)将两个模型分开，并将属性从数据模型映射到 ViewModel。

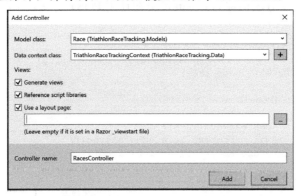

图 9-3　Add Controller 对话框

下一步是检查向数据库添加一场新比赛所需的代码(包括控制器和视图中的代码)。此操作使用标准模式 Post-Redirect-Get(提交-重定向-获取),来避免用户在提交表单后刷新页面导致的数据重复:

(1) 在浏览器中呈现 Create 表单。

(2) 用户输入数据并按 Submit 按钮。

(3) 使用 POST HTTP 方法将表单提交给控制器。

(4) 控制器检查数据是否有效并执行以下操作之一:

- 如果数据有效,它会将用户重定向到随后的页面,在本示例中是 Index 页面,该页面是使用 GET 方法请求得到的。

- 如果数据无效,控制器将重新呈现编辑窗体并突出显示校验出错的数据项。

1. 控制器

Create 操作需要两个操作方法。第一个方法简单地返回空编辑表单。

```
public IActionResult Create()
{
    return View();
}
```

第二个方法仍称为 Create,将在使用 POST 提交表单时调用。

```
[HttpPost]
[ValidateAntiForgeryToken]
public async Task<IActionResult> Create([Bind("ID,Name,
Location,Date")] Race race)
{
    if (ModelState.IsValid)
    {
        _context.Add(race);
        await _context.SaveChangesAsync();
        return RedirectToAction(nameof(Index));
    }
    return View(race);
}
```

生成的代码包含很多保护应用程序的最佳实践。它使用
ValidateAntiForgeryToken 属性，以检查由表单标签帮助程序添加的
令牌。该机制用于防止跨站请求伪造攻击(也称为 CSRF)。

它还使用模型绑定中的 bind 属性来避免重复提交。这可以防止
恶意用户篡改请求，添加不应通过编辑表单编辑的属性。当数据模
型直接暴露给视图而不是使用一个特定的 ViewModel 对象转达时，
尤其需要该属性。

然后，该操作方法继续检查请求的有效性，将该对象添加到数
据库，最后将其重定向到呈现比赛列表的 Index 操作方法。

2. 视图

Create 视图(如代码清单 9-7 所示)比 Action 方法更加耐人寻味。

代码清单 9-7：Views/Races/Create.cshtml

```
@model TriathlonRaceTracking.Models.Race

@{
    ViewData["Title"] = "Create";
}

<h2>Create</h2>

<h4>Race</h4>
<hr />
<div class="row">
    <div class="col-md-4">
        <form asp-action="Create">
            <div asp-validation-summary="ModelOnly" class="text-
            danger"></div>
            <div class="form-group">
                <label asp-for="Name" class="control-label">
                </label>
                <input asp-for="Name" class="form-control" />
                <span asp-validation-for="Name" class="text-
                danger"></span>
            </div>
            <div class="form-group">
```

```
            <label asp-for="Location" class="control-
            label"></label>
            <input asp-for="Location" class="form-control" />
            <span asp-validation-for="Location" class=
            "text-danger"></span>
        </div>
        <div class="form-group">
            <label asp-for="Date" class="control-label"
            ></label>
            <input asp-for="Date" class="form-control" />
            <span asp-validation-for="Date" class="text-
            danger"></span>
                    </div>
        <div class="form-group">
            <input type="submit" value="Create" class="btn
            btn-default" />
        </div>
    </form>
  </div>
</div>

<div>
    <a asp-action="Index">Back to List</a>
</div>

@section Scripts {
    @{await Html.RenderPartialAsync("_ValidationScriptsPartial");}
}
```

如第 1 章所示，ASP.NET Core MVC 引入了标签帮助程序，使编写视图更加容易。这是使用表单、标签、输入和验证帮助程序的一个例子。只需要通过添加 asp-for 或 asp-validation-for 属性，标准 HTML 标签就会感知到 ViewModel 并呈现属性的值。如有必要，还能呈现基于 Bootstrap 的验证框架所需的 HTML 属性。

Bootstrap 也得到广泛使用。注意.col-md-4 类名用于指示网格仅使用 12 列中的 4 列来渲染此表单(因此只使用页面宽度的三分之一)。

该表单使用 Bootstrap 类进行样式设置，使用.form-group 来定义窗体的单独元素，并使用.form-control 标识实际输入字段。最后，还使用 Bootstrap 中的 btn btn-default 类对按钮进行样式设置。有关使用 Bootstrap 的表单的更多格式化选项，可参考第 4 章和代码清单 4-6。

9.3 构建注册页面

在后台网站有人创建了比赛。现在该到运动员注册的时候了。对于此功能，用户能够使用 Facebook 或 Twitter 等社交媒体登录信息进行登录，在注册后，他们就可以选择参加哪一场比赛。

为此将创建一个新的 Visual Studio 项目，但希望继续使用相同的 Entity Framework 数据模型，因此需要重构该解决方案并将所有与 EF 相关的类移至一个单独的类库项目。在创建了项目并且将 Data 和 Model 文件夹的所有内容移至新项目后，必须引用 EntityFrameworkCore 和 EntityFrameworkCore.SqlServer 这两个 NuGet 包。之前没必要这样做，因为它们是 ASP.NET Core MVC 项目中使用的大型软件包 Microsoft.AspNetCore.All 的一部分。此外，还需要像在后台网站项目中一样，配置 appsettings.json 文件和 Startup 类。

使用 ASP.NET Core 添加社交媒体身份验证非常简单。首先创建另一个项目，仍然是一个 ASP.NET Core MVC 项目，然后选择 Individual User Accounts 作为身份验证模式。这样，项目模板将添加数据库实体、控制器和视图，它们用于收集和存储创建一个私有站点需要的所有信息，在该站点中用户可以直接注册(提供用户名和密码)或通过 OAuth 提供程序(如 Facebook、Twitter、谷歌、微软、GitHub 等)注册。

添加一种社交网站登录方式只需要添加正确的 NuGet 包并在 Startup 类的 ConfigureService 方法中配置其身份验证提供程序即可。例如，要添加 Facebook 登录，请添加 NuGet 软件包 Microsoft.AspNetCore.Authentication.Facebook，然后在 ConfigureService 方法中添加以下代码行：

```
services.AddAuthentication().AddFacebook
 (facebookOptions =>
{
    facebookOptions.AppId = Configuration
    ["Authentication:Facebook:AppId"];
    facebookOptions.AppSecret = Configuration
    ["Authentication:Facebook:AppSecret"];
});
```

现在，必须在 Facebook 开发者门户(developer portal)上注册一个新应用程序，以获取在 Facebook 验证你的应用程序所需的 AppId 和 AppSecret。转到 URL https://developers.facebook.com/apps/并单击 Add a New App 按钮(如图 9-4 所示)。

图 9-4　Facebook 开发者门户

然后输入应用程序的名称和你的 E-Mail 地址(如图 9-5 所示)。

图 9-5　创建新的 App ID

然后选择 Facebook Login 作为要设置的产品(如图 9-6 所示)。

图 9-6 选择要设置的产品

将跳过弹出的向导，此时从左侧边栏中选择 Settings。在此页面内输入登录路径/signin-facebook 的绝对 URL 地址。该路径已由 NuGet 包添加。保持所有其他设置不变(如图 9-7 所示)。

最后一件事是检索应用程序工作所需的 AppId 和 AppSecrets。为此，请转到开发者门户内的 Dashboard 页面(如图 9-8 所示)。

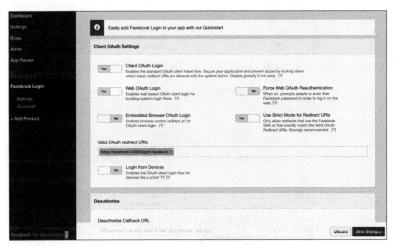

图 9-7 OAuth 设置页

图 9-8　Dashboard

现在可将它们保存在 appsettings.json 文件中，或使用用户机密管理功能。第二种选择更好，因为它将配置存储在应用程序文件夹之外(位于用户的配置文件中)，并避免了在源存储库中存储社交登录密钥和秘密等敏感信息的常见错误。图 9-9 展示了如何通过 Solution Explorer 中的项目节点上的 Manage User Secrets 上下文菜单项，从 Visual Studio 打开用户密钥文件。

图 9-9　Manage User Secrets 菜单项

接下来在 secrets.json 文件中输入以下配置(显然,要用自己应用
程序的值代替占位符):

```
{
  "Authentication": {
    "Facebook": {
      "AppId": "myappId",
      "AppSecret": "myappsecret"
    }
  }
}
```

现在运行项目并进入登录页,即可看到文字 Use another service
to log in 下方有一个新按钮,如图 9-10 所示。

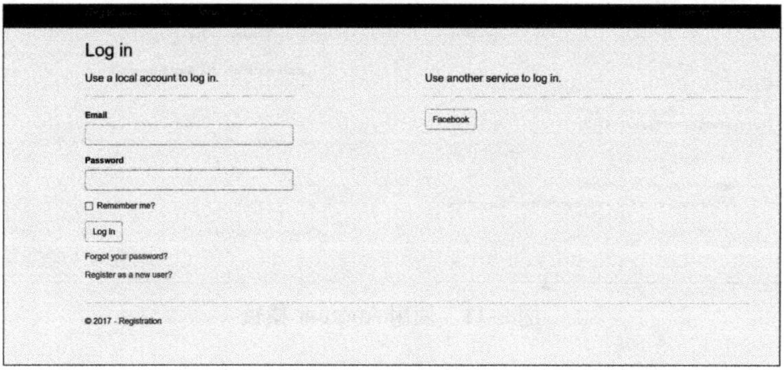

图 9-10　项目登录页

此时,在用户完成了系统身份验证后,即可通过一个页面提示
他们注册参加比赛。

9.4　展示实时成绩

在前两个示例中,与数据的交互相对简单,本示例则要复杂一
些,将展示实时成绩。为此,将配合使用 Angular 以及一些 Web API
从数据库中检索数据。

9.4.1 创建 Angular 客户端程序

对于本网站，可以使用 Visual Studio 2017 提供的 Angular 项目模板。这将使用第 3 章末尾提到的 JavaScript 服务设置项目(如图 9-11 所示)。

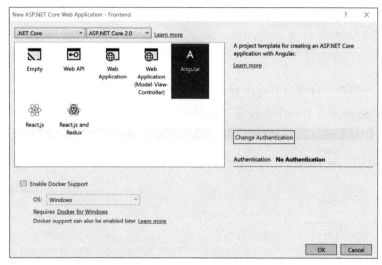

图 9-11　使用 Angular 模板

该应用程序的架构非常简单。Web 服务将运动员的所有计时点列表发送到 JavaScript 前端，然后将其显示出来，供应用过滤器以及分析统计数据。如第 3 章所述，前端是通过一组特定的 Angular 组件和服务实现的。最终结果如图 9-12 所示。

与任何较大的 Angular 应用程序一样，这个应用程序由一系列组件组成。

根元素是 Results 组件，它负责页面的总体布局以及处理子组件之间的交互。代码清单 9-8 显示了 TypeScript 文件和 HTML 模板文件。

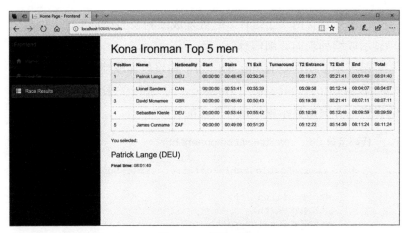

图 9-12　成绩列表

代码清单 9-8：Results 组件

模板文件

```
<h1>Kona Ironman Top 5 men</h1>
<results-list (selected)=showDetails($event)>Loading athlete
    list...</results-list>
  You selected: <app-athlete-details [athlete]="selectedAthlete">
</app-athlete-details>
```

TypeScript 文件

```
import { Component } from '@angular/core';
import { Athlete } from './athlete';

@Component({
    selector: 'results',
    templateUrl: 'results.component.html'
})
export class ResultsComponent {
    selectedAthlete: Athlete;

    showDetails(selectedAthlete: Athlete) {
        this.selectedAthlete = selectedAthlete;
    }
}
```

275

该组件包含两个子组件。它处理成绩列表的选定事件，以向用户显示成绩列表的详细信息。

第一个子组件是 results-list，用于构建包含成绩列表的表，如代码清单 9-9 所示。该表使用 Bootstrap 的 table 类来创建一个带边框的表格，并突出显示鼠标指针所在的行。

代码清单 9-9：results-list.component.html

```html
<table class="table table-bordered table-hover">
    <tr>
        <th>Position</th>
        <th>Name</th>
        <th>Nationality</th>
        <th *ngFor="let point of timingPoints">{{point.name}}
        </th>
        <th>Total</th>
    </tr>
    <tr app-athlete *ngFor="let athlete of athletes | slice:
    0:5;let i = index">
        (click)="select(athlete)"
        [athlete]="athlete"
        [timingPoints]="timingPoints"
        [position]="i+1">
    </tr>
</table>
```

该表的表头也是动态构建的，每个比赛中间点将添加一列。显然，表格的这些行会迭代显示组件的 athletes 属性，该属性包含参加比赛的所有运动员的列表。注意使用了管道 slice:0:5，以只显示前五名运动员。最后这部分是需要大部分代码的环节。处理这个模板的 TypeScript 类如代码清单 9-10 所示。

代码清单 9-10：results-list.component.ts

```typescript
import { Component, Output, EventEmitter, OnInit } from
'@angular/core';
import { AthleteService } from './athlete.service';
import { Athlete } from "./athlete";
import { TimingPoint } from "./TimingPoint";
import { Observable } from "rxjs/Observable";
```

```
@Component({
    selector: 'results-list',
    templateUrl: 'results-list.component.html'
})
export class ResultsListComponent implements OnInit {
    athletes: Athlete[];
    timingPoints: TimingPoint[];
    @Output() selected = new EventEmitter<Athlete>();
    constructor(private athleteService: AthleteService) { }

    getAthletes() {
        this.athleteService.getAthletes()
            .then(list => {
                for (var i = 0; i < list.length; i++) {
                    var athlete = list[i];
                    athlete.timingValues = new Map<string,
                    string>();
                    for (var j = 0; j < athlete.timings.length;
                    j++) {
                        athlete.timingValues.set(athlete.timings[j].
                        code, athlete.timings[j].time);
                    }
                }
                this.athletes = list;
            });
    }

    getTimingPoints() {
        this.athleteService.getTimingPoints()
            .then(list => this.timingPoints = list);
    }

    ngOnInit() {
        this.getAthletes();
        this.getTimingPoints();
    }

    select(selectedAthlete: Athlete) {
        this.selected.emit(selectedAthlete);
    }
}
```

该实现与第 3 章末尾给出的实现非常相似。在 ngOnInit 事件期间，运动员和中间计时点的列表是通过调用一个外部服务(AthleteService)检索的，该外部服务负责向 Web API 发送实际 HTTP 请求。在 getAthletes 方法中，处理来自服务的响应并稍加解析，以便构造 ViewModel，该对象是便捷地呈现模板所需的。

组件图形中的最后一个元素用于呈现成绩表格的各行，如代码清单 9-11 所示。

代码清单 9-11：Athlete.Component

模板文件

```
<td>{{position}}</td>
<td>{{athlete.name}}</td>
<td>{{athlete.country}}</td>
<td *ngFor="let timing of timingPoints">
    {{athlete.timingValues.get(timing.code)}}
</td>
<td>{{athlete.time}}</td>
```

TypeScript 文件

```
import { Component, Input } from '@angular/core';
import { Athlete } from './athlete';
import { TimingPoint } from './timingpoint';

@Component({
    selector: 'tr[app-athlete]',
    templateUrl: 'athlete.component.html'
})
export class AthleteComponent {
    @Input() athlete: Athlete;
    @Input() position: string;
    @Input() timingPoints: TimingPoint[];
  constructor() { }
}
```

同样在这本例中，模板迭代处理中间计时点列表并显示运动员在该特定点的计时。加粗显示的语句用于处理来自服务器的成绩数据，将在接下来的"构建 Web API"一节中探讨。

该组件无法知道它在哪个位置进行呈现，因此，为了呈现运动员的位置，它具有一个由父组件提供的称为 position 的输入参数。

程序缺少的最后一部分是实际调用服务器的服务。它很简单，如代码清单 9-12 所示。

代码清单 9-12：athlete.service.ts

```
import { Injectable } from '@angular/core';
import { TimingPoint } from './TimingPoint';
import { Athlete } from './athlete';
import { Http, Response } from "@angular/http";
import 'rxjs/add/operator/map';
import 'rxjs/add/operator/toPromise';

@Injectable()
export class AthleteService {
  constructor(private http: Http){}

  getAthletes(){
    return this.http.get('/api/standings')
      .map((r: Response) => <Athlete[]>r.json().data)
      .toPromise();
  }

  getTimingPoints() {
    return this.http.get('/api/timingpoints')
        .map((r: Response) => <TimingPoint[]>r.json())
        .toPromise();
  }
}
```

接下来构建将数据返回给 Angular 客户端应用程序的 Web API。

9.4.2 构建 Web API

返回结果列表是非常简单的操作。其唯一的复杂性是计算各个计时点的中间计时。在本示例程序中，制作了两个 API。第一个将所有注册计时点的列表发送给 Angular 客户端，以让它将列表显示在结果列表的标题中，如代码清单 9-13 所示。

代码清单 9-13：Controllers/TimingPointsController.cs

```
using System.Collections.Generic;
using System.Linq;
using Microsoft.AspNetCore.Mvc;
using Frontend.ViewModels;
using Frontend.Services;

namespace Frontend.Controllers
{
    [Produces("application/json")]
    [Route("api/TimingPoints")]
    public class TimingPointsController : Controller
    {
        private readonly ITimingService _service;

        public TimingPointsController(ITimingService service)
        {
            _service = service;
        }
        [HttpGet]
        public IList<TimingPointDefinition> Get()
        {
            var data = _service.GetTimingPoints(1);

            var model = data.Select(tp => new TimingPointDefinition
            {
                Code = tp.Code,
                Name = tp.Name,
                Order = tp.ID
            }).ToList();

            return model;
        }
    }
}
```

第二个 Web API 用于提供比赛中的所有运动员以及所有中间计时点。在本例中，控制器非常简单，因为它将计算中间计时的复杂操作委托给通过 DI 注入的服务 TimingService。这个简单的 API 如代码清单 9-14 所示。

```
using Frontend.Services;
using Frontend.ViewModels;
using Microsoft.AspNetCore.Mvc;
using System;
using System.Collections.Generic;
using System.Linq;
using System.Threading.Tasks;
using TriathlonRaceTracking.Data;

namespace Frontend.Controllers
{
    [Route("api/[controller]")]
    public class StandingsController : Controller
    {

        private readonly ITimingService _service;

        public StandingsController(ITimingService service)
        {
            _service = service;
        }

        [HttpGet]
        public AthletesViewModel Get()
        {
            var data = _service.GetStandings(1);

            var model = new AthletesViewModel(data);
            return model;
        }
    }
}
```

如你所见，代码清单 9-14 中没有太多内容。实际的计算发生在服务中(代码清单 9-15)。

代码清单 9-15：Services/TimingService.cs

```
using Frontend.ViewModels;
using Microsoft.EntityFrameworkCore;
using System;
using System.Collections.Generic;
using System.Linq;
```

```csharp
using System.Threading.Tasks;
using TriathlonRaceTracking.Data;
using TriathlonRaceTracking.Models;

namespace Frontend.Services
{
    public class TimingService : ITimingService
    {
        private readonly TriathlonRaceTrackingContext _context;
        public TimingService(TriathlonRaceTrackingContext context)
        {
            _context = context;
        }

        public IList<AthleteViewModel> GetStandings(int raceId)
        {
            var data = _context.Registrations
                .Include(r => r.Timings)
                    .ThenInclude(t => t.TimingPoint)
                .Include(r => r.Athlete)
                .Where(r => r.RaceID == raceId);

            var result = new List<AthleteViewModel>();
            foreach (var position in data)
            {
                var athleteVM = new AthleteViewModel(position.
                Athlete.FullName, position.Athlete.Nationality);
                if (position.Timings.Count == 0)
                {
                    athleteVM.Time = "DNS";
                }
                else
                {
                    var start = position.Timings.Where(t =>
                    t.TimingPoint.Type == TimingType.Start).
                    Max(t => t.Time);
                    var furthestPosition = GetFurthestPosition
                     (position.Timings);
                    athleteVM.Time = TimeFromStart(start,
                    furthestPosition).ToString();
                    athleteVM.Timings = position.Timings.Select
                    (t => new TimingPointViewModel
                    {
                        Time = TimeFromStart(start, t),
                        Order = (int)t.TimingPoint.Type,
                        Name = t.TimingPoint.Name
```

```
        }).ToList();
    }

    result.Add(athleteVM);
}

return result;

}

private static TimeSpan TimeFromStart(DateTime start,
Timing timingPoint)
{
    return timingPoint.Time.Subtract(start);
}

private Timing GetFurthestPosition(List<Timing> timings)
{
    Timing furthest = new Timing() { ID = -1 };
    foreach (var timing in timings)
    {
        if (timing.TimingPointID > furthest.TimingPointID)
            furthest = timing;
    }
    return furthest;
}

public IQueryable<TimingPoint> GetTimingPoints(int raceId)
{
    return _context.TimingPoints.Where(tp => tp.RaceID
    == raceId);
}
    }
}
```

  GetStandings 方法首先检索所有参加比赛的运动员，并将他们的所有中间计时以及详细信息加入其中。之后，它会查询各次出发的时间(现在许多比赛的开始时间对于每个运动员都不同)，并确定与各中间计时的差值，以获得各个分段的计时。最后，它将所有数据返回给控制器，以将其发送回 Web 浏览器。

9.5 使用物联网设备连接

没有人会坐在笔记本计算机前，等着在运动员通过某个时间点的瞬间输入数据。这项任务留给了计算机完成，它可以感知穿戴 RFID 芯片的运动员穿越计时地毯的时间。这些信息需要发送到服务器，以便显示运动员的实时状态。

实现跟踪运动员的完整解决方案非常复杂，但在此只需要创建接收原始数据的 API，稍后将使用 REST 客户端模拟器模拟调用来测试它。

可通过一个 API 控制器来执行此操作，该控制器会接收运动员的比赛编号、某些比赛和计时点标识符以及时间信息。该 API 如代码清单 9-16 所示。

代码清单 9-16：Controllers/TimingsController.cs

```
using System;
using System.Collections.Generic;
using System.Linq;
using System.Threading.Tasks;
using Microsoft.AspNetCore.Http;
using Microsoft.AspNetCore.Mvc;
using Microsoft.EntityFrameworkCore;
using TriathlonRaceTracking.Data;
using TriathlonRaceTracking.Models;

namespace TriathlonRaceTracking.Controllers
{
    [Produces("application/json")]
    [Route("api/Timings")]
    public class TimingsController : Controller
    {
        private readonly TriathlonRaceTrackingContext _context;

        public TimingsController(TriathlonRaceTrackingContext
        context)
        {
            _context = context;
        }
```

```
// GET: api/Timings/5
[HttpGet("{id}")]
public async Task<IActionResult> GetTiming([FromRoute]
int id)
{
    if (!ModelState.IsValid)
    {
        return BadRequest(ModelState);
    }

    var timing = await _context.Timings.SingleOrDefaultAsync
    (m => m.ID == id);

    if (timing == null)
    {
        return NotFound();
    }

    return Ok(timing);
}

// POST: api/Timings
[HttpPost]
public async Task<IActionResult> PostTiming([FromBody]
TimingPostModel model)
{
    if (!ModelState.IsValid)
    {
        return BadRequest(ModelState);
    }

    var registration = _context.Registrations.
    SingleOrDefault(r => r.BibNumber == model.BibNumber
    && r.RaceID == model.RaceId);
    var timingPoint = _context.TimingPoints.
    SingleOrDefault(tp => tp.Code.Equals(model.TPCode)
    && tp.RaceID == model.RaceId);

    var timing = new Timing
    {
        RegistrationID=registration.ID,
        TimingPointID=timingPoint.ID,
        Time=model.Time
    };
```

```
        _context.Timings.Add(timing);
        await _context.SaveChangesAsync();

        return CreatedAtAction("GetTiming", new { id =
        timing.ID }, timing);
    }

}

public class TimingPostModel
{
    public int BibNumber { get; set; }
    public int RaceId { get; set; }
    public string TPCode { get; set; }
    public DateTime Time { get; set; }
}
}
```

此处没有什么特别复杂的问题，但有一些值得注意的要点。最重要的是 PostTiming 方法不使用 Timing 对象作为输入参数，而是作为 post 模型。原因除了避免可能的重复 post 之外，是因为计时点上的计时设备不知道数据库中使用的 ID，但很可能使用其他代码并且肯定知道运动员的比赛号码。

另一个要素是使用了 CreatedAtAction，它将使 REST API 返回 201 HTTP 代码，该代码通常用于通过 REST 调用创建一个新对象时。

由于并没有连接到系统的真实计时点，因此可以使用任何 REST 客户端测试 REST 端点。笔者喜欢使用 Postman，它既可以作为 Google Chrome 扩展程序，也可以作为一个独立的应用程序使用。

可以直接在 JSON 中指定请求正文并将请求发送到服务器。请求主体必须是 TimingPostModel 类的 JSON 表述，例如：

```
{
    "bibNumber": 1,
    "raceId": 1,
    "time": "2017-10-08T20:49:54.730Z",
    "TPCode": "T1S"
}
```

Postman 能够在执行请求之前执行一些 JavaScript 格式的脚本，因此可以用一个包含执行请求时的精确时刻的变量替换硬编码的时间戳。这样就能方便地测试 API，而不必每次都更改 time 参数。只需要将以下代码行添加到"Pre-request Script(请求前脚本)"选项卡中即可实现该功能：

```
postman.setGlobalVariable('timestampUtcIso8601', (new Date()).
toISOString());
```

然后用变量{{timestampUtcIso8601}}替换时间参数。已准备好向系统添加新的定时信息的 Postman 请求构造器界面，如图 9-13 所示。

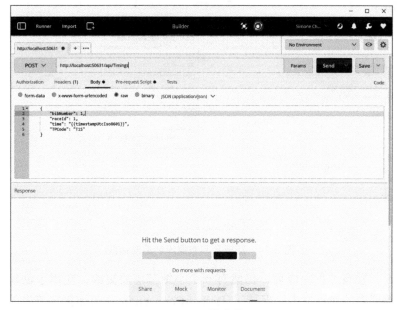

图 9-13　Postman 请求构造器界面

9.6 部署

项目已经开发完毕，现在该发布它们，让参加铁人三项赛的运动员在线注册比赛。为此，将在 Azure 上部署这些项目。

第 7 章中已包含了部署网站的分步流程，所以在此将不再详细解释步骤，仅强调一些要点。

首先发布后台网站。在阅读发布对话框时，笔者建议创建一个这组应用程序专用的资源组。除了图 7-12 和图 7-13 所示的内容之外，还必须创建一个数据库服务器(如有必要)和一个 SQL 数据库。包含用于创建数据库和服务器的表单的两个对话框如图 9-14 所示。

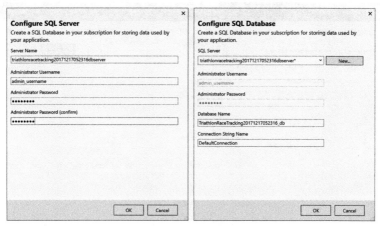

图 9-14 服务器和数据库创建对话框

发布过程完成后，仍然有一个小细节需要更改。在用于创建数据库的对话框中，保持了 DefaultConnection 作为连接字符串的名称，未加更改。现在，必须进入 Azure 门户上的应用程序设置页面(如图 9-15 所示)，并将其更改为应用程序使用的实际连接字符串名称，即 TriathlonRaceTrackingContext，如代码清单 9-4 所示。

图 9-15　Azure 门户的连接字符串设置

接下来只需要浏览到 Azure 应用程序服务的 URL，Entity Framework Core 会自动创建数据表，并使用 InitialData.cs 文件中描述的数据填充它们。

部署完后台网站后，就应部署基于 Angular 的前端。只需要按照之前的步骤操作，但选择已有的资源组，而不必新建一个。此外，不要新建 SQL 数据库，因为该应用程序使用与后台网站相同的数据库。

对于本应用程序，必须手动设置连接字符串。请从后台网站的配置中复制该值。

前端应用的发布耗时会略微长于后台网站，因为必须安装所有 NPM 软件包，如果应用程序使用 release 模式，还需要安装 webpack，并生成所有前端开发中所使用的 TypeScript 类的精简捆绑版本。

在部署完这两个应用程序后，资源组将包含 5 个项目，如图 9-16 所示。

- 两个 Web 应用程序
- 数据库服务器和数据库
- App Service Plan(应用程序服务计划)

NAME	TYPE	LOCATION	
Frontend20171217060027	App Service	West Europe	...
TriathlonRaceTracking20171217052316	App Service	West Europe	...
triathlonracetracking20171217052316dbserver	SQL server	West Europe	...
TriathlonRaceTracking20171217052316_db	SQL database	West Europe	...
TriathlonRaceTracking20171217052316Plan	App Service plan	West Europe	...

图 9-16　资源组包含的内容

如果你学习本章只是为了测试，记得删除资源组以免产生意外的收费。

9.7 本章小结

本章展示了如何综合运用本书介绍的所有技术，构建由一个基于"经典"ASP.NET Core MVC 技术的后台网站、一个更现代的单页应用程序前端和一个 REST 服务构成的完备解决方案。

此外，还介绍了如何将所有内容发布到云服务上，以供其他人使用。

本章列出的代码只不过是本应用程序的冰山一角，你可以在笔者的 GitHub 存储库中查阅全部示例：http://github.com/simonech/TriathlonRaceTracking。

衷心希望你通过阅读，能够享受到和我写作本书同样的乐趣，并学会开发 ASP.NET Core 应用程序以及掌握多种前端开发技术。